高等学校环境设计专业系列教材

U0173422

环境设计工程与技术

ENVIRONMENTAL DESIGN ENGINEERING AND TECHNOLOGY

韦 娜 冯 郁 主编

中国建筑工业出版社

图书在版编目（CIP）数据

环境设计工程与技术 = Environmental Design
Engineering and Technology / 韦娜，冯郁主编. —北
京：中国建筑工业出版社，2021.12
高等学校环境设计专业系列教材
ISBN 978-7-112-26934-1

Ⅰ. ①环⋯　Ⅱ. ①韦⋯　②冯⋯　Ⅲ. ①园林设计—环
境设计—高等学校—教材　Ⅳ.①TU201②TU986.2

中国版本图书馆CIP数据核字（2021）第249604号

责任编辑：张幼平　费海玲
责任校对：张惠雯

高等学校环境设计专业系列教材
环境设计工程与技术
Environmental Design Engineering and Technology
韦　娜　冯　郁　主编
＊
中国建筑工业出版社出版、发行（北京海淀三里河路9号）
各地新华书店、建筑书店经销
北京点击世代文化传媒有限公司制版
河北鹏润印刷有限公司印刷
＊
开本：787毫米×1092毫米　1/16　印张：10　字数：170千字
2023年1月第一版　2023年1月第一次印刷
定价：**38.00**元
ISBN 978-7-112-26934-1
（38584）

编委会

主　编：韦　娜　冯　郁

副主编：吕小辉　李　明　陈晓育

参　编：郭凯迪　裴苑利　马梦娇　郭　月

　　　　柳思宇　李晓菁　蒋丰珺

前言

　　《高等学校环境设计专业系列教材》（以下简称"系列教材"）是环境设计教学体系的重要支撑，由西安建筑科技大学艺术学院环境设计专业多位教学经验丰富的教师编写。西安建筑科技大学环境设计专业有着悠久的办学历史，拥有雄厚的师资队伍，在科研水平、教学经验等方面均具有独到的优势。本着对环境设计专业发展作出贡献的宗旨，编委会全体成员经过紧密筹划，高起点、高水平地编撰了这一系列教材，并由中国建筑工业出版社陆续出版。整套丛书题材新颖、深入浅出，理论结合实际，可以作为环境设计、风景园林等专业的本科生教材，也可以作为广大教师、科研和工程技术人员的参考书。

　　"系列教材"以特色求发展为宗旨，以建筑与环境相结合、文脉继承与发展为基础，以中尺度城乡环境设计为主题，以生态环境保护与设计为重点，主要分为专业基础、专业能力和专业方向三个模块，全面覆盖了初级到高级、理论到实践的相关专业知识。

　　教材主要特色：

　　（1）完整的教学体系

　　全面的知识和技能培养体系帮助学生系统地学习环境设计专业知识，全面提升环境设计能力。教材内容基本涵盖环境设计专业的知识和能力要求，既满足了我国环境设计专业发展的需要，又兼顾了环境设计实践运用能力的需要。

　　（2）渐进的教学内容

　　"系列教材"在秉承先进教学理念的基础上，更加强调教材内容的渐进性。教材内容由浅入深，渐进性编排，注重新旧知识的结合，避免教学内容的重复。

　　（3）清晰的教学主线

　　所有教材都是基于统一的专业培养目标和定位、专业知识要求和设计能力要求编写，教材内容选用严格、精心准备，形成了清晰的教学主线。

（4）丰富的教学知识

系列教材为教师提供了完整的教学方案，帮助教师快速掌握更有效的授课方法，提高教学效果，每本教材均配有丰富的设计实践内容，便于教师创造性运用教材，灵活掌控教学。

（5）图文并茂的设计

全套教材均注重教学内容的图文并茂，大量的优秀设计案例充分激发学生学习环境设计的兴趣和动力。

（6）配套完善，指导详尽

"系列教材"除纸质版教材外，还开设了网络教学平台，提供与之配套的多媒体教学、微课教学等教学内容，为学生提供了多角度的教学配套支持。

目录

1 景观工程技术基础知识

第1章 景观工程技术基础知识

景观工程设计是景观设计与施工的重要阶段，包含多种类型方式，具有综合性强、涉及范围广、多学科交叉、逻辑分析强、技术含量高等特点。本章通过分析景观工程设计的阶段、任务和特点，剖析其设计流程，从宏观到微观、从前期分析到设计建造、从总体到细部，深入解析景观工程设计的技术构成、设计规律、普遍原理和技术方法，从而明确景观工程技术的重要意义。

1.1 景观设计及施工程序

1.1.1 景观工程概述

景观作为一种区域呈现的景象，一种人居环境的境域，不仅是视觉美学和良好生态环境的载体，更是文化传承的载体和行为方式的载体，是美学与艺术、生态与环境、文化与传承、社会与历史的综合载体。

而景观工程则是为了在景观区域实现这一综合载体，在对各类景观资源保护与利用的基础上，经由景观策划、景观规划、景观设计、景观建造等，使景观艺术等视觉设计理念得以具体而系统落实的规划设计与工艺流程。其包含总体规划设计、道路系统设计、雨污管网设计、竖向景观设计、绿化种植设计、基础工程设计、建筑与构筑物工程设计、水景工程设计、铺装工程设计、小品工程设计等多种技术类型。

1.1.1.1 景观工程概念及特点

1）景观工程的概念

园林建设离不开景观工程，从广义上说，园林景观工程是综合的景观建设工程，是项目由起始至结束、规划至设计、施工至后期维护的全过程。这是因为现代景观工程是一项工艺比较复杂、技术要求较高、施工协作关系较多的工程，而与之相关的技术规范及标准更是不能忽视的。因此，在理解工程这一概念时，不应只关注其传统的含义，更要重视其系统全局的特点。

景观工程，从狭义上讲，就是园林设计中技术性最强的核心部分。总的来说就是把景观工程视为以工程手段和艺术方法为核心，通过对园林各个设计要素的现场施工而使其成为特定规划设计景观区域的过程，即在特定范围内，通过人工手段将园林的多个设计要素进行工程处理，以使建园地达到一定的规划标准、审美要求和艺术氛围，这一工程实施过程就是园林工程。景观工程的基本含义就是解决景观工程要素施工中存在的问题，中心内容是如何在最大限度发挥园林景观功能的前提下，解决建设中的工程设施、构筑物与园林景观各要素间相互关系的问题。景观工程是一种基于现场调研、具有实践意义的工程，是通过对各种施工材料的运用，各种施工技术的紧密结合来完成的一个创造、设计、落地的过程。

2）景观工程的特点

景观工程实际上是景观工程技术和景观艺术创造共同作用的规范化的艺术产物，是通过地形改造、植物搭配、建筑设计、小品设计、道路铺装等实现造园要素在特定空间环境内的艺术体现。

（1）景观工程的艺术性：体现为景观工程本身的艺术韵味。分析景观工程的艺术性应注意园林绿化与园林艺术两者的区别。园林绿化是广泛的概念，一般的园林绿化达不到园林艺术的要求，在一定场地上种植植物建成绿地，就可称为园林绿化；但园林艺术不同，其建设成的绿地有艺术性，一山一池、一亭一桥、一坊一榭、片草片树，都有特别的审美要求，需要精心布局，体现园林特有的艺术韵味。

（2）景观工程的技术性：景观工程是技术性强的综合工程，如土建施工技术、景观规划技术、景观铺装技术、景观植物造景技术、景观植物种植技术、景观假山叠造技术以及装饰装修、油漆彩绘等。

（3）景观工程的综合性：景观工程的综合性体现为景观工程的多样综合。在进行景观创作时，景观创作的艺术形式是综合复杂的；在进行景观施工时，景观施工的技术方式是综合复杂的；在进行景观美化时，景观美化的形式是综合复杂的。景观是需要协同作业、多方配合的综合性工程。

（4）景观工程的时空性：景观工程是一种五维艺术（即三维空间，加上时间维与情感维），除了空间特性，还有时间上的要求，并融入了造园人的思想情感。景观工程的建设要素是景观艺术性在三维空间中的体现。景观工程的时间性体现在景观植物上。植物是园林造景的重要组成部分，种类繁多、色彩多样、生境各异。

（5）景观工程的安全性：体现为景观工程的"安全第一，景观第二"基本原则。作为工程项目，设计阶段就应关注安全性，并把安全要求贯彻于整个项目施工之中。

（6）景观工程的后续性：主要体现在景观工程施工的工序性和景观作品的理念性上。景观工程各个工程要素都有其不可或缺性，景观工程需要各个要素之间的有序配合。景观工程作品不是一蹴而就的，需要有完整的理念和思维，经过长时间的琢磨和设计才有可能获得要表达的最终效果。

（7）景观工程的体验性：主要体现为以人为本。景观工程是时代性、主体性、心理性、美感性的统一。园林景观中人的体验是一种特有的心理活动，其本质是将人作为主体融入园林景观中，通过人在园林景观中的互动体验给景观创作提出更高、更好的要求。

1.1.1.2　景观工程的发展

景观工程的发展与我国园林的发展是同步的。景观工程的发展在吸收我国古典园林基本做法的基础上创新实践，发展至今，已形成综合的、艺术的、安全的、有序的景观工程。我国传统园林中园林设计手法、地形处理方法、理水叠山手法、园路设计技术、植物搭配手法、构筑物选择、各类建筑小品选择与景观创作均是值得学习与发扬的。

中国园林文化源远流长、博大精深，在长期的发展过程中积累了丰富的理论与实践经验。根据文献记载，早在商周时期我们的先人就已经开始利用自然的山泽、泉瀑、树木、鸟兽进行初期的造园活动。最初的形式是"囿"，是指在圈定的范围内让草木和鸟兽生活繁育，此外，还挖池筑台供帝王、贵族们狩猎与享乐。

春秋战国时期的园林已经有了成组的风景，出现了人工造山。当时在囿中将土壤堆筑成高台，此时自然山水园已开始萌芽，而且在园林中构亭营桥，种植花木，园林的组成要素已具备，不再是简单的囿了。秦汉时期的山水宫苑则发展成为大规模挖湖堆山的土方工程，并形成了"一池三山"的传统模式，同时在水系疏导、铺地、种植工程等方面都有了相应的发展。秦代所建上林苑中离宫别馆与城内宫殿，一直被认为是汉代宫廷园囿的基础，汉初许多宫廷园囿都据此改造而成。

唐代进入了园林的全盛时期，各种水系、水景工程以及种植工程与园林艺术紧密结合，融为一体。唐代造园思想、艺术水准、谋篇布局等不仅全面继承了历代造园的优秀传统，而且有所创新和发展，对后来的造园影响巨大。北宋的造园艺术又有了新的突破，以改造地形，富于诗情画意的规划设计为主，写意山水成为显著特色。

明清时期的造园达到了登峰造极的地步。以北京的颐和园为例，其结合城市水系和蓄水功能，水系和园林景观融为一体，达到了"虽由人作，宛自天开"的境界。又如江南私家园林中的扬州个园，园内"四季假山"的设计手法独具匠心。因此，明清时期的园林建筑不论是皇家园林还是私家园林，均形成了鲜明的个性，皇家园林规模宏大，以建筑统领全局；而私家园林是小中见大，形成优美的自然山水意境。两者在叠山理水以及亭台楼阁的构筑、空间尺度的控制上均具有异曲同工之妙。

现代景观工程吸取了传统园林造园经验，现代园林的一个重要内容是生态园林。生态园林是生态文明建设的核心要素，其特质是更关注优美人居环境的建构，突出生态居住环境的人性化。

1.1.1.3　景观工程的主要内容

景观工程主要内容包括：绿化工程、土方工程、给排水工程、水景工程、铺装工程、景石与假山工程、景观建筑小品工程、景观照明工程、园林配套工程、景观生态修复工程以及绿地防灾避险工程。

1）绿化工程

绿化工程按照植物的种植搭配效果分为乔灌草种植工程、乔木移植工程、草坪地被工程以及后期植物养护管理工程。

绿化工程是以植物为载体，在充分了解植物的生物特性和生态特性后，选择适宜的种植时间和方式，以提高绿化植物的成活率和景观质量。植物种植之前需先对该地区土壤进行评估、化验、分析，了解土壤性质之后采取相应的施肥方式和消毒措施，对于不适宜种植的土壤采用客土或改良土壤的方式进行土壤优化调整，待土壤土质提升后，再定点放线进行种植。植物种植后还需采取相应的后期管理措施，直至最后竣工验收。

苗木选择，需要详细了解土壤情况和环境现状后进行专业评估，制定详细方案，再通过检疫、包装、运输、种植、养护管理以及草坪地被的建植养护，遵守相关的行业标准及规定。

2）土方工程

土方工程是指在景观工程建设过程中存在高低起伏地形差而无法满足场地建设需求时，在充分考虑原地形的情况下，对场地原地形土方进行工程估算、统筹安排，以"挖高填低"的方式将场地土壤自给自足式统一平整。土方工程地形整理改造的主要措施有挖方、搬运、填方、整修等。

土方工程不是简单的"挖高填低"，而需要详细的规划设计。土方工程的设计包括平面设计和竖向设计两方面：平面设计是指在场地平面图上按照原始地形设计出新的位置和轮廓；竖向设计是指垂直水平方向的布置和处理，是风景园林场地中各个景点、各种设施以及地貌等在高程上的设计，其任务就是从最大限度地发挥景观生态功能出发，统筹安排各种造园要素。

土方工程是景观工程最基础、最重要的部分，是所有工程中最先的基础工程，在施工中还要遵守有关的技术规范和原设计的各项要求。土方工程施工包括挖、运、填、压等几方面的内容。施工方式有人力施工、机械化和半机械化施工等，施工方式需要根据施工现场的现状、工程量和当地的施工条件决定。

3）给水排水工程

（1）给水工程

给水工程是由一系列构筑物和管道系统构成的。给水工程主要有取水和输水两个重要部分，取水水源有三种：地表水、地下水、邻近城市自来水。取水和输水是两个重要的环节。取水工程是从地面上的河、湖和地下的井、泉等天然水源中取水的工程，取水的质量和数量主要受取水区水源的限制，采取地下水要履行严格的审批手续。输水工程是通过输水管道或者各种类型的景观功能渠道，把水输送到各用水点的工程。

景观工程用水主要包括四种类型：造景用水，指水池、塘湖、水道、溪流、瀑布、跌水、喷泉等水体用水；养护用水，指植物绿地灌溉、动物笼舍冲洗及夏季广场、园路的喷洒用水等；消防用水，指园林景观区内建筑、绿地植被等设施的火灾预防和消防灭火用水；生活用水，指商业空间及卫生设备等用水。造景用水是主要方面，用水点有些分布于起伏的地形上，高程变化大。

（2）排水工程

排水工程主要作用是排除景观绿地中的雨水、地下水和生活污水。景观绿地地形有自然和人工的起伏变化，利用坡向可以有效地将景观中地表水和雨水进行过滤后排入水体。在进行场地竖向设计时，应把控场地的坡度，如坡度大时要采取相应工程措施，减少水土流失。同一坡度的地面不宜延续过长，有起有伏，防止地表径流。场地较大时，可以结合场地道路系统做排水系统，建筑周围应做多样的排水措施。排水设施应与景观相匹配，既不影响景观搭配设计，也可利用景观进行过滤，防止树枝绿叶等杂物堵塞地下管道。

4）铺装工程

铺装包括道路铺装、广场铺装、停车场铺装等。铺装工程不仅需要符合美观的艺术要求，还需符合功能要求。通过铺贴方式的变化，铺装可以有效提升景观的美化特性，增强视觉效果，表达不同的情感和艺术氛围感；不同的组合方式可以有效分割空间和引导活动路线，色彩样式的变化则可以优化空间，起到警示提醒的作用。

景观道路主要分为游览道路和交通道路。游览道路是附着于景观存在的道路，主要用于突出景观，交通性不突出，十分适宜游人游览和观景。游览道路形式多样，尺寸较小，没有明确的道路样式和建设标准，符合人体工程学尺寸即可。交通道路主要用于交通，包括人行和车行，具有明确的道路等级划分，其中景观是辅助道路的，另外还有一些附属工程，主要有道牙、明沟和雨水井、台阶、蹬道、种植池等。与此相应，道路铺装也有不同的要求。广场铺装需要满足设计需求，做法多变，主要突出景观的阵列性和向心性，突出中心景观。停车场铺装需要满足生态停车场的要求，以嵌草砖为主，以提高绿化率，提升景观生态效果。

5）水景工程

水景是景观的重要部分，包括动态水景和静态水景。动态水景主要有喷泉、跌水、溪流、瀑布等，静态水景主要有景观水池、湖水等。水景工程是与水景造景相关的所有工程的总称，它研究的是怎样利用水体要素来营建水景。

水景工程种类多样，如喷泉、瀑布、跌水、溪流、景观水池、湖水等，其景观作用也是多样的。喷泉是最普通，也是最常见的水景工程，有装饰性喷泉、功能性喷泉、自控性喷泉等多种形式。瀑布有自然式瀑布和人工式瀑布两种：自然式瀑布尺度较大，景观自然，人工式瀑布尺度较小，景观人工痕迹较强。跌水、溪流、景观水池、湖水等工程施工，有两个重要环节：一是防渗，包括底部和竖向立面防渗；二是驳岸的形状特点。驳岸工程依据断面形状可划分为垂直岸、悬挑岸、斜坡岸，按照景观特点可划分为山石驳岸、干砌大块石驳岸、浆砌块石驳岸、整形石砌体驳岸、石砌台阶式岸坡、卵石驳岸和自然生态驳岸等多种形式。

6）假山与置石工程

假山工程是风景园林工程的一个重要组成，包括假山和置石两部分。假山是以土、石等为材料，借鉴自然山水并加以艺术提炼，人工再造的山石景物；它以造景、观赏为主要目的，也可充分结合其他多方面的功能。

置石是以石材为主要材料进行的造景布置。置石讲究"瘦、漏、皱、透、丑"，石材选用有独特的艺术要求。置石主要分置自然石和置加工石两大类。置自然石方式很多，可以单点或者组合造景，也可以散置山石护坡，结合构建山石驳岸、山石挡土墙及设置种植池等；置加工石主要指室外石质的家具或设施，包括石桌、石几、石凳、石栏等，可以结合造景。

7）景观建筑小品工程

景观建筑小品工程包括建筑类小品如亭、台、楼、阁、轩、榭、坊等，生活类小品如垃圾桶、座椅、休闲廊架等，道路设施小品如车站牌、街灯、防护栏、道路标志等。小品是景观工程中的点睛之笔，有小品会使得景观更加丰富，景观内容更加完善，景观的整体性更强。

8）景观照明工程

景观照明是指既有照明功能，又兼有艺术装饰和美化环境功能的户外照明工程。景观照明可分为道路景观照明、园林广场景观照明、建筑景观照明。景观照明工程包括功能照明和装饰照明，功能照明主要为游人提供适宜的照明环境，像路灯、广场灯等；装饰照明是利用灯光的色彩、明暗的变化以及与环境的结合，创造以光影环境为主题的景观效果，像草坪灯、霓虹灯、喷泉灯。

景观照明是室外照明的一种形式，在设置时应注意与景观、环境的有机结合，灯具、灯杆等具有一定艺术效果，以突出景观特色为原则，按现行有关标准、规范进行设计施工。

9）园林配套工程

园林中许多景观建设都需要相应的配套工程，比较突出的有给水工程中的喷灌系统，水景工程中的喷泉、瀑布，园路工程中的照明系统。这些景观工程涉及两种配套设施：供电与管线。园林供电一般可分地上供电和水下供电，前者以园路、广场配光为主，后者以喷泉、瀑布配光为主。

10）景观生态修复工程

所谓生态修复是指对生态系统停止人为干扰，以减轻负荷，依靠生态系统的自我调节能力与自组织能力使其向有序的方向演化，或者利用生态系统的自我恢复能力，辅以人工措施，使遭到破坏的生态系统逐步恢复或使生态系统向良性循环方向发展。景观生态修复工程是一项系统的工程技术，主要模拟自然景观生态的整体、协同、循环、自生原理，并运用系统工程方法去分析、设计、规划和调控人工景观生态系统，达到合理的景观生态位。

11）绿地防灾避险工程

绿地防灾避险工程是城市生态系统的有机组成部分，是维护和提升城市生态安全的重要载体，也是城市防灾减灾系统的重要组成部分，城市绿地作为一个开放性的空间，当发生火灾、地震等灾难时，可以作为人们转移疏散、临时安置的避险场所。住房和城乡建设部下发的《关于加强城市绿地系统建设提高城市防灾避险能力的意见》，强化了防灾避险工程、防灾避险设施设备以及标识等与风景绿地规划建设的整体结合。

1.1.2　景观设计流程及内容

1.1.2.1　景观设计任务及流程

从景观建设项目的审批流程来看，景观工程设计各阶段及其工作内容如表1.1所示。

景观工程设计阶段和工作内容　　　　　　　　　　　表 1.1

阶段	工作内容
任务书阶段	应充分了解设计任务，明白委托方的具体需求和意愿，根据需求确定设计时间和造价等。这些都是设计的基础，常是以文字和说明为主的文件
基地调查和分析阶段	设计的切入点是先对基地情况进行调查和分析，收集资料，对整个基地及环境状况、有关法规条例、限制条件和可能性等进行综合分析。收集来的资料也应该进行分析整理，以多种方式进行分析，可以通过图纸、分析图、表格的方式进行分析。分析结果应图文结合、简洁、醒目，说明问题
景观策划阶段	根据前期的调查和分析了解场地具体情况之后制定景观设计的规划策略，根据规范制定一个景观区域的景观发展终极目标和为实现这一目标而采用的主要行动策略
方案设计阶段	首先根据场地的大小划分出场地区域的功能分区，功能的确定是第一步，功能确定后根据功能属性不同可以将空间进一步划分，在空间基础属性上进一步赋予空间更多功能，创建更多趣味空间。在划分空间后应根据场地现状情况确定场地道路，确定一级、二级、三级路和游园道路等，根据道路的划分确定场地中各个景观节点的位置，包括出入口位置、停车场位置、中心广场位置、建筑出入口等。确定景观节点后根据节点的位置确定各个节点之间的关系从而设计各个节点之间的空间关系。之后便是在节点和节点之间添加更多的细节。 结合基地条件、空间及视觉构图确定各种使用区的平面位置（包括交通的布置和分级、广场和停车场地的安排、建筑及入口的确定等内容）。常用的图纸有功能关系图、功能分析图、方案构思图和各类专项规划及总平面图等

阶段	工作内容
详细设计阶段	方案设计完成后，经由专家评审、主管部门审查等程序后，协同委托方意见，对方案进行修改，调整和深入详细设计。详细设计主要包括确定准确的位置、形状、尺寸、色彩和材料。完成各局部详细的平立剖面图、详图、透视图、鸟瞰图等
施工图阶段	施工图阶段是将设计与施工连接起来的环节。根据所设计的方案，结合各工种的要求分别绘制出能具体、准确地指导施工的各种图纸，这些图纸应能清楚、准确地表示出各项设计内容的位置、尺寸、形状、材料、种类、数量、色彩以及构造和结构，完成施工平面图、竖向设计图、种植平面图、景观建筑施工图及各类详图等

1.1.2.2　景观设计调查分析

景观工程的调查分析是整个设计过程中最重要的部分，细致、具体的景观设计调查分析有助于景观工程的总体规划和各项内容的详细设计，调查分析过程中产生的一些设想会决定设计的发展方向或对设计具有相当大的利用价值。

基地调查分析的内容从地域上可分为内部与外部，从类型上可分为物质与非物质、自然与人工等。以下根据从外至内、从宏观到微观对景观工程调查分析的内容进行解析，如图1.1所示。

1）基地范围及外部环境因子

基地范围及外部环境因子包括基地范围、交通用地、知觉环境和各类规划与规范等。其调查内容及对景观工程的具体作用，如表1.2所示。

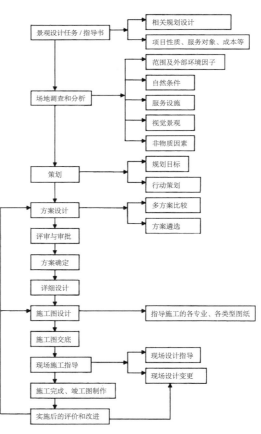

图 1.1　景观设计调查分析

基地范围及环境因子调查与分析内容　表 1.2

调查分析类型	具体内容	对景观工程设计的作用	备注
基地范围	明确基地用地界线及其与周围用地界线或规划红线的关系	基地的范围、用地规划、用地平衡等	景观设计是一个综合性较强的工作，需进行基地内外多种影响因子、各类规划等方面的衔接与协调
交通用地	连接基地周围的交通，包括与主要道路的连接方式、距离主要道路的连通量等；明确基地周围用地的不同性质和类型。根据基地的规模，了解服务半径内的人口数量及其构成	功能确定、户口选择、人流的组织与疏散、设施量的布局等	
知觉环境	了解分析视觉、听觉、味觉、触觉等知觉影响，如与基地相关的良好视觉景观和诸如噪声、空气污染、水污染等不良知觉环境的污染源位置、污染程度及其影响范围等	因势利导，对基地内外各类知觉环境进行利用、引导、遮蔽等	
各类规划与规范	了解基地所处地区的用地性质、发展方向、邻近用地的发展以及包括交通、管线、水系、植被等一系列专项规划的详细情况，明确国家及地方的相关规范	确定功能、发展的前瞻性和操作性、实施的可行性等	

2）基地自然条件

（1）地形地表

①地形

基地地形调查与分析的内容一般包括高程、坡度、坡向等方面，如表 1.3 所示。

基地地形调查与分析内容　表 1.3

调查分析类型	具体内容	对景观工程设计的作用	备注
高程	了解地形的绝对和相对高程，起伏与分布状况，最高点和最低点的高程等	帮助判读植物的垂直带谱分布，了解地形的空间形象，确定景观空间制高点、景观设施等的高程位置	通过高程、坡度与坡向分析可以全面了解基地的地形空间形象、起伏程度、不同地形类型的分布与比例，从而为各种景观工程设施的确定与安排提供依据
坡度	将地形按照使用需求进行坡级划分（<1%，1%～4%，4%～10%，>10% 等），了解地形的坡度情况	确定建筑物、构筑物、道路与场地以及不同坡度要求的活动内容的适建性、绿化植被的适栽性；确定地形对土方平衡、设施布局、排水类型与方式选择的影响等	
坡向	了解基本地形不同的坡向位置、分布比例等	确定建筑物的朝向、管线布局的位置等	

②地表

景观工程对基地自然地表调查分析的内容一般包括水体、植被、土壤等方面的内容，具体调查内容及对景观工程的作用，如表 1.4 ~ 表 1.6 所示。

基地水体调查与分析内容　　　　　　　　　　　　　　表 1.4

调查分析类型	具体内容	对景观工程设计的作用	备注
水面	水面的位置、范围、平均水深；常水位、最低和最高水位、洪涝水面的范围和水位等	确定水体的用途、防洪标准，景观建筑物或构筑物设置的高度，景观活动的安排等	水面形态会影响设计布局的形式
岸带情况	岸带的形式、结构类型、损坏程度，岸带植被、稳定性等	确定水体岸带的合理利用、驳岸设计所采用的形式与结构、水生植被的安排等	可根据岸带长度进行归类，划段分析
地下水	地下常水位变化，地下水及现有水面的水质，污染源的位置及污染物的成分等	确定地下水位对水体、建筑物、植被等的影响	
地表排水	包括汇水范围、分水线、汇水线、地表径流、冲沟等	通过利用或改造地形进行场地的排水设计	

基地植被调查与分析内容　　　　　　　　　　　　　　表 1.5

调查分析类型	具体内容	对景观工程设计的作用	备注
植被范围	统计分析现有植被的范围、面积大小、绿地率和绿化覆盖率等	了解现有绿地的基本情况，确定在种植规划设计上的发展方向与导向	①植被调查分析不能限于基地范围，应充分调查基地内外及相似自然气候条件的自然植被，同时也可以通过历史记载进行了解和分析获得 ②基地范围小、种类不复杂的情况下可直接进行实地调查和测量定位，结合基地图和植物调查表将植物的种类、位置、高度、长势等标出并进行记录
植物构成	统计分析乔灌木、常绿树、落叶树、针叶树、阔叶树等的构成比例，保留和利用的可行性等	确定树种的选择和调配方案、设计植被的季相变化，具有较高观赏价值的乔灌木或树群的保留和利用程度等	
水平与垂直分布	分析现有植被在水平和竖向空间上的比例关系、稳定状态等	为种植设计提供可参照和借鉴的植物群落构成	
郁闭度	分析现有植被空间的郁闭情况	不同郁闭度的植被空间会决定规划设计对现有植被的利用或调整程度	
林龄	分析现有植物的生长周期、保留和保护的可能性、是否存在潜在的病虫害危机等	确定植被的保留、利用或防护等设计措施	

调查分析类型	具体内容	对景观工程设计的作用	备注
林内环境	分析现有或相关植被的林内环境，对游憩活动的积极或消极影响等	根据林内环境进行游憩活动的布置与安排。充分利用积极的林内环境，转换或改变消极的林内环境	③对规模较大、组成复杂的林地可利用林业部门的调查结果进行抽样调查，确定单位林地中占主导的、丰富的、常见的、偶尔可见的和稀少的植物种类分布比例等
其他	了解冬季主风向上的植物群体的确切位置、高度、挡风面长度以及叶丛或树冠的透风性；与主要景观点或观景点之间的视线关系等	确定植被与风向的关系、小气候的形成，及对景观的遮挡与限定等	

基地土壤调查与分析内容　　　　表 1.6

调查分析内容	对景观工程设计的作用	备注
土壤的类型、结构	决定植被的生长、建筑工程的基础、地形改造的广度与强度等	土壤调查有时可以通过观察当地植物群落中某些能指示土壤类型、肥沃程度及含水量等的指示性植物和土壤颜色来协助调查
土壤的 pH 值、有机物的含量	对植物的选择和生长、建筑工程的基础形式和材料选择具有决定作用	
土壤的含水量、透水性	决定地表排水的形式选择、植物种类的选择等	
土壤的承载力、抗剪切强度、安息角	决定建筑物、道路与广场、驳岸等的基础形式、人工建筑工程引起滑坡可能性的大小、地形的设计高度与坡度、植物的栽植等	
土壤冻土层深度、冻土期的长短	会对建筑物、道路与广场的基础、驳岸的形式与结构以及施工方案的确定等产生较大的影响	
土壤受侵蚀状况	决定地表排水设计、土壤稳定性、地形改造等	

（2）气象条件

气象条件包括基地所在地区或城市常年积累的气象条件和基地范围内的小气候条件两部分，具体如表 1.7、表 1.8 所示。

气象条件调查与分析内容　　　　表 1.7

调查分析类型	具体内容	对景观工程设计的作用	备注
日照条件	永久日照区	确定建筑物与活动场地等设施的选址与布置、植被的选择、遮阴建筑或构筑物的设置等	我国大部分地区建筑物北面的儿童游戏场、花园等尽量设在永久日照区内
	永久无日照区	活动场地设施的布置、植被的选择等	永久无日照区内应避免设置需日照的设施

续表

调查分析类型	具体内容	对景观工程设计的作用	备注
温度	年平均温度,一年中的最低和最高温度	活动场地和设施的布置,植被、水景、铺装材料等的选择,施工期的确定等	
	持续低温或高温阶段的历时天数	植被的选择与生长	持续的低温和高温都会对植物的生长造成较大的影响
	月最低、最高温度和平均温度	植被的选择与生长、设施布局等	
风	各月的风向和强度、夏季及冬季主导风风向	活动场地和设施的布局、植物的选择、遮风面和引风通道的设计等	在城市绿地系统中风向会决定城市绿地的空间布局
降雨	年平均降雨量、降雨天数和阴晴天数	活动场地和设施的布置,植被、铺装材料等的选择,排水体制和方式的选择,施工期的确定等	
	最大暴雨的强度、历时、重现期	排水方式、防洪标准的确立,防洪、防泥石流等自然灾害的预防措施的确定等	

基地小气候条件调查与分析内容 表 1.8

调查分析类型	内容	对景观工程设计的作用	备注
小气候	①小气候是由于下垫面构造特征如地形、水面和植被等的不同使日照量和水分收支不一致,从而形成了近地面大气层中局部地段特殊的气候现象 ②小气候条件需了解基地外围植被、水体及地形对基地小气候的影响,主要可考虑基地的夏季通风、冬季挡风和空气湿度等几方面;基地内部需分析和评价基地地形起伏、坡向、坡级、植被、地表状况,以及人工设施等对基地日照、温度、风和湿度等条件的影响,并经由现场的观察,从而确定基地的小气候条件	小气候条件会对景观活动场地和设施的布置,植被、水景、铺装材料等的选择,遮风面和引风通道的设计等具有决定性的影响	①在地形起伏大的区域,高层建筑等人工设施之间的场地往往会形成特殊的小气候空间,而比热容、材质不同的建筑材料也由于对日辐射的反射量不同而形成一定的小气候条件 ②小气候分析应将地形对日照、通风和温度的影响综合起来分析,在地形图中标出某个主导风向下的背风区及其位置、基地小气流方向、易积留冷空气和霜冻地段、阴坡和阳坡等与地形有关的内容

3）基地人工设施

基地人工设施一般包括建筑和构筑物、道路和广场以及各类基础设施等，调查与分析应针对不同的类型分别考虑，如表 1.9 所示。

基地人工设施调查与分析内容　　　　　　　　　　表 1.9

调查分析类型	具体内容	对景观工程设计的作用	备注
建筑和构筑物	了解基地现有的建筑物、构筑物等的使用情况，如年代、层数、结构类型等，景观建筑平面、立面、标高以及与道路的连接情况等	确定建筑物与构筑物保留利用的可能性和可行性	在设计中可充分利用现有建筑和构筑物
道路和广场	了解道路的宽度和等级、道路面层材料、道路平曲线及主要点的标高、道路排水形式、道路边沟的尺寸和材料；了解广场的位置、大小、铺装、标高以及排水形式等	确定场地竖向设计、排水组织、现有道路与广场的利用、材料的选择与利用、植被布局等	
各类基础设施	包括给水排水、电力、电信、燃气、供暖、环卫等基础设施的布局与形制。需充分了解现场的地上和地下管线，包括电力电缆、电信电缆、给水管、排水管、煤气管等各种管线。区别供区域使用和过境管线的种类，了解它们的位置、走向、长度以及每种管线的管径和埋深还有其他一些技术参数，如高压输电线的电压，区内或区外邻近给水管线的流向，水压和闸门井位置，燃气管线的压力，环卫设施的收集与处理能力等	确定基础设施的布局与现状，各种管线的衔接、现有管线的利用、植被规划设计与管线的避让关系等	基础设施布局和管线综合是景观规划设计的一个重要组成部分，在设计前要充分调查基地内外的现有设施的位置、技术参数及管网布局等情况

4）基地视觉景观

基地视觉景观包括基地内的景观和从基地中所见到的周围环境景观，景观质量需要经实地勘察后才能作出评价。在勘察中常用速写、拍照或记笔记等方式记录一些现场视觉印象，对无法进入的较大型的基地，可借由计算机进行模拟分析，如表 1.10 所示。

基地视觉质量调查与分析内容   表 1.10

调查分析类型	具体内容	对景观工程设计的作用	备注
基地现状景观	对基地中的植被、水体、地形和建筑等组成的景观从形式、历史文化及特异性等方面去评价，并将结果分别标记在景观调查现状图上，同时标出主要观景点和景观点的平面位置、标高、视域范围等	基地现状景观会决定景观单元的组织、游览路线的安排、视觉通廊的设置、景点和观景点的设置等内容	充分认识与评价基地的现状景观特征，可决定设计的布局特征
环境景观	环境景观也称介入景观，是指基地外的可视景观，它们有各自的视觉特征，根据它们自身的视觉特征可确定它们对将来基地景观形成所起的作用。现状景观视觉调查结果可用图纸和文字结合的方式表示，在图上应标出确切的观景位置、视轴方向、视域、清晰程度（景观的远近）以及简略的评价等	决定设计的内外借景、对景的安排与组织、景观视觉规划设计等	内外景观的互动一直是中国古典园林设计追求的境界

5）基地社会、经济、人文等非物质因素

基地的非物质因素既包含社会因素、经济因素，也包含诸如历史、风俗等人文因素，具体内容如表 1.11 所示。

基地非物质因素调查与分析内容   表 1.11

调查分析类型	具体内容	对景观工程设计的作用	备注
社会因素	基地所在地区的社会结构、制度等	非物质因素会决定景观规划设计对地方特色、历史延续等方面的体现程度，同时地方的社会、经济、人文等因素会决定景观设施的布局形式和规模、景观的审美价值等	在风景区、历史地区等区域进行景观设计时、社会、经济、人文等非物质因素的调查与分析是在规划设计中体现地方性的非常重要的手段
经济因素	基地所在地区的产业结构、经济发展现状、消费结构等		
人文因素	基地所在区域或地区的历史发展、地域文化、名人典故、风俗风情等		

1.1.2.3 景观工程规划设计程序

1）景观策划阶段

（1）设计意图：在设计之前首先应清楚设计意图是什么。通过调研了解现状，明白具体问题之后需要考虑设计意图，这是设计的出发点。设计就是以满足人的需求为出发点，通过空间、布局、要素等将设计思路变为设计语言并落实为设计成果。应认真研究和探索空间设计语言要素，一方面拓展传统园林空间设计语言要素在现代应用的可能性，另一方面利用现代科学成果，寻找更科学、更丰富、更复杂的技巧来创造更为多样变化的空间环境，以满足丰富多彩的社会生活需要，发展新时代的风景园林设计艺术。

（2）要素限定：设计要达到最终目的（满足需求）必须要考虑各个要素之间的关系，明确各要素之间是相辅相成的关系还是相互限定的关系。从安全、经济、美观的角度出发，对各个要素进行归纳整理，让相辅相成的要素更加贴合，形成一个整体，让相互限定的要素彼此融合，更加贴合主题。

（3）基本构思：空间场所需要明确的空间功能。应用恰当的空间构成要素和表达形式，传达出明晰的空间结构，空间形式要产生强烈的视觉冲击，从而激发潜在的心理需求，进而引发满足心理需求的实际行为。

利用当地特色提炼设计主题，通过文化产生意境，提升意境。场地基本构思是基于调研和要素分析之后的重要总结和拓展，它要总结之前场地中存在的问题，进行核心分析，再根据分析进行构思设计。首先考虑功能目的：如两处住宅间的绿化，功能上必须可供居民休息、交流、娱乐；其次根据环境特点考虑布局形式：布局以自然式为主，可打破周围建筑呆板的布局及单一的色彩、线条等；再次根据设计要求考虑设计要素：为形成一个可供人们（主要是老人和儿童）休息、娱乐，轻松、活泼的园林环境，设计时可考虑以植物为主，配以水面、亭、桥、棚架、花坛、桌椅等。

2）详细设计阶段

具体的设计阶段以一个城市公园为例进行说明。首先明确公园绿地在城市绿地系统中的关系，在确定了园林总体设计的原则与目标以后，着手进行以下设计工作。主要设计图纸包括内容如下：

（1）位置图：是场地的基础区域位置图，需要清晰、明确、真实。

（2）现状图：根据调研资料进行分析，归纳整理场地现状空间，并用抽象图像表达出来。

（3）分区图：根据现状图中归纳整理的问题，将原场地划分成功能各异的不同空间，功能与形式尽可能统一。

（4）总体设计方案图：根据设计原则、空间功能、设计目标综合考虑设计方案图，包括以下内容：①场地与周边环境关系，包括场地主要出入口、次要出入口、消防出入口以及建筑关系等；②场地面积区域规划，场地功能性区域规划如停车场、公厕、大门等；③场地道路系统总体规划布局；④场地建筑、构筑物等规划布局，反映总体设计意图。

（5）地形设计图：地形是场地的基础，地形设计图应该反映场地的基础地形结构，确定场地的最高点、最低点、坡向、坡度、地形起伏状况以及高起伏地形、微地形等。同时，还应该确定场地的湖泊、池塘等水体位置以及湖心岛周边关系，还需标明场地排水口、排水方向、排水位置、雨水水源汇集地，场地周边的公路、市政设施、人行道以及周边公园等邻近设施场地高程，确定周边环境之间的排水关系。

（6）道路总体设计图：道路设计图应该确定场地的主次路口以及道路位置，明确车行道路、人行道路、消防专用道路、游览小路等，确定道路宽度、排水坡度、路面材质、铺装形式等。

（7）种植设计图：种植设计图应该包括植物配置图，确定场地植物的搭配，优先选择本土植物，确定植物乔、灌、草的搭配。设计同时还应保留场地内的原有植物，植物标注规范明确。

（8）管线总体设计图、电气规划图：管线设计图应该按照规范明确雨污管网的具体分布，包括管道排布、管径以及管道关系等，明确雨水、污水、给水等具体情况；电气规划图应该解决总用电量的问题，确定用电利用系数、分区供电设施、配电方式、电缆的敷设以及各区各点的照明方式及广播、通信等的位置。

（9）园林景观建筑布局图：建筑布局图应该明确建筑的主要出入口、建筑周边的造景之间的关系，此外还需有建筑等的平面图、立面图、剖面图等。

（10）鸟瞰图：鸟瞰图是最直观表达设计的图像。鸟瞰图可以直观表达建筑、景观、道路等之间的关系，可以明确景观和建筑之间的状态。鸟瞰图表现的方式很多，表达的内容也很多；鸟瞰图表达要真实、明确，图像和工程结果要一致。

（11）总体设计说明书：总体设计说明书是图像的解释说明，包括位置、现状说明，设计原则说明，总体规划说明，功能分区说明，工程设计说明，道路系统说明，建筑布局说明，植物配置说明，园林小品说明，管线电气说明，工程概算等。

3）施工图阶段

施工设计图纸要求有以下内容：

（1）图纸规范：图纸应规范化设计；

（2）施工设计平面的坐标网及基点、基线：图纸应该明确设计规划范围、放线位置、网点坐标等；

（3）施工图纸要求内容：图纸要注明图头、图例、指北针、比例尺、标题栏及简要的图纸设计说明内容。图纸要求分清中实线、粗实线等各种线型并准确表达对象。

（4）施工放线总图：主要标明各设计因素之间具体的平面关系和准确位置。

（5）地形设计总图：平面图上应确定制高点、山峰、台地、丘陵、缓坡、平地、岛及湖、池、溪流等岸边、池底等的具体高程以及入水口、出水口的标高，还有各区的排水方向、雨水汇集点及各景区园林建筑、广场的具体高程。

1.2 竖向设计、绿化及土方工程技术措施

1.2.1 竖向设计技术措施

1.2.1.1 竖向设计的概念及基本要求

1）竖向设计的概念

竖向设计是指与水平面垂直方向的设计，亦称竖向规划，是规划场地设计的一个重要的有机组成部分，它与规划设计、总平面布置密切联系、不可分割。在地域范围较大、地形起伏较大的场地，功能分区、路网及其设施位置的总体布局安排除须满足规划设计要求的平面布局关系外，还受到竖向高程关系的影响。

2）竖向设计的原则

在工程项目的竖向设计中，不仅要使场地设计美观，而且还应遵守如下设计原则：因地制宜；满足建（构）筑物的使用功能要求；结合自然地形，减少土方量；满足道路布局合理的技术要求；解决场地排水问题；满足工程建设与使用的地质、水文等要求；满足建筑基础埋深、工程管线敷设的要求。

3）竖向设计的现状资料

竖向设计需要有设计依据，需要依据基础资料和现状情况规范化设计，需要根据设计阶段的内容、深度要求及建设项目的复杂程度，取舍各项资料。基

础资料主要有:地形图、建设场地的地质条件、场地平面布局、场地道路布置、场地排水与防洪方案、地下管线情况、取土与弃土地点。

4）竖向设计的设计深度以及成果要求

与场地设计的阶段划分相一致，竖向设计通常也分为初步设计和施工图设计两个阶段。

（1）初步设计阶段

初步设计阶段的竖向设计成果包括:

①设计说明书（竖向设计部分）:概述基础情况，明确自然条件。

说明与竖向设计有关的自然条件因素;说明决定竖向设计的依据、场地排水与防洪要求、土方工程施工工艺要求、运输条件、地形等，以及土方平衡、取土或弃土点等;说明场地竖向布置方式（平坡式或台阶式）、平整方案、地表雨水排除方式（明沟或暗管系统）等。

②竖向布置图:用以表达竖向设计成果的图纸，可采用与场地地形特点和竖向设计工作相适应的方法来表达。

为准确表达竖向布置的初步设计，竖向设计图上必须明确标明场地的施工坐标网及其坐标值，标出施工坐标网与国家大地坐标系（或测绘坐标网）的换算公式，标明图纸方向（指北针或风玫瑰图）并绘出图例;图纸的说明栏内应注明图面标注尺寸的单位、图纸比例、所采用高程系统的名称等。

③有关技术经济指标

主要是关于室外竖向工程的工程量指标，如沟渠、挡土墙、护坡等的长度、高度，土方工程的填方、挖方工程量等。

④内部作业的图纸和资料

竖向改造及土方工程量较大的场地，作为设计工作的档案内容之一，还必须绘制土方图等内部作业图，并提供详细的土方量计算书。

（2）施工图设计阶段

施工图设计阶段的竖向设计成果包括:

①设计说明书（竖向设计部分）

已进行初步设计的工程，一般可以将简要说明标注于竖向设计的有关图纸上，而不单独编制设计说明书。但对于按照审批意见对初步设计进行重大调整的，本设计阶段应重新编制设计说明书，计算并列出主要技术经济指标。

②竖向布置图

用于综合表达施工图设计阶段竖向设计成果的图纸，可以采用相应的表达方法绘制。图纸的说明栏内应注明图面标注尺寸的单位、图纸比例、所采用高程系统的名称等。

有关施工图设计阶段的设计内容，竖向布置图还须标明如下内容：

·建筑物、构筑物的名称（或编号）、室内外设计标高。

·场地外围的道路、铁路、河渠和桥梁、隧道、涵洞等构筑物、设施的位置及地面关键性标高。

·各种堆场、活动场、运动场、广场、停车场等的设计标高。

·场地内道路、铁路（轨顶）、排水沟渠（沟底）控制点（如：起点、变坡点、转折点、交叉点、终点等）的设计标高，以及其他设计参数（如：纵向坡度、坡长、坡向和平曲线、竖曲线要素等）。道路还应注明路拱形式（单面坡或双面坡，曲线、直线或折线形式）、限高等。

·挡土墙、护坡或土坎等构筑物的顶部、底部设计标高，典型横断面形式及尺寸。

·场地地形的竖向控制坡度与坡向（用坡向箭头表示）。

③土方图

用以表达场地地形平整方案，并具体指导场地平整施工的土方工程。与竖向布置图一样，土方图须标明场地的施工坐标网、高程系统、图纸方向、图例、比例、尺寸单位等，以及各种建（构）筑物及设施的位置、标高等。

1.2.1.2 竖向设计的方法及图纸要求

1）竖向设计的基本表达方法

（1）竖向设计的一般步骤

①收集、核实竖向设计的有关资料

了解熟悉场地情况，收集资料，资料要有真实度；确定资料的可用性，再经过现场勘察熟悉地形，分析研究场地改造的可能性。

②场地的总体竖向布局

场地的竖向布局贯穿场地设计，场地设计中应充分考虑场地的高程和坡向，拟定场地的排水方向，结合场地总体布局，对场地竖向统一安排。

③场地的排水组织与道路的竖向布置

场地的排水组织和道路之间是相辅相成的，场地排水管线按照场地道路进行设计，场地道路设计也应该充分考虑场地的自然坡度和排水方向。场地内道路的竖向设计，通常根据四周道路的纵横断面设计所提供的工程资料，按地形、排水及交通要求，确定其合理纵坡度、坡长，定出主要控制点（交叉点、转折点、变坡点）的设计标高，并应与四周道路高程相衔接。

④确定场地地形的具体竖向布置方案

根据场地内建筑群布置、排水及交通组织的要求，具体考虑地形的竖向处理，并用设计等高线或设计标高点明确表达设计地形，正确处理与道路、排水沟、散水坡等高程控制点的关系。场地设计地形的确定必须明确以下几点：

·地形坡向：地形坡向是场地排水设计的基础，地形的坡向还应明确坡度、分水线、集水线和水流方向。

·地面高程：除了了解地面最高点与最低点高程外，还要计算场地土方量，设计应尽可能接近自然地面。

·坡度与距离：除了坡度坡长的要求，还需要确定排水管线与道路坡度和坡长的关系。

·对外衔接：明确场地用地边界线（征地线或道路红线）上的各点高程，将设计等高线与用地边界线上的等高程点平滑连接，保证场地内外地面高程的自然衔接。

⑤拟定建筑物室内外标高

根据场地的基础竖向设计方案和建筑的关系，在满足实用、经济、美观等的需求上合理考虑建筑与场地之间的高差关系，并明确进行场地标高。

⑥土方平衡

尽可能使用原场地的土方，经过精准计算，对场地土方进行"高挖低填"，使土方接近平衡。

⑦场地竖向的细部处理

包括边坡、挡土墙、台阶、排水明沟等的设计。在地形复杂、高差大的地段布置建筑物，为防止建筑物被雨水冲刷，应设置排洪沟，并注明排洪沟的位置及排水流向，或确定集水井位置、井底标高及其与城市管道衔接处的标高。

（2）竖向设计的常用表达方法

竖向设计常采用的表达方法有四种：高程箭头法、纵横断面法、等高线法、模型法。

①高程箭头法（或称设计标高法）

即用设计标高点和箭头来表示地面控制点的标高、坡向及雨水流向；表示建筑物、构筑物的室内外地坪标高，以及道路中心线、明沟的控制点和坡向并标明变坡点之间的距离；必要时可绘制示意断面图，这是竖向设计的常用方法（图 1.2）。该图一般可结合在总平面图中表示，若地形复杂或在总平面图上不能清楚表示竖向设计，可单独绘制竖向设计图。

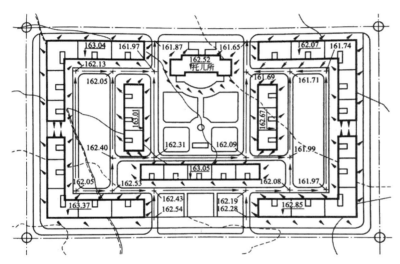

图 1.2　高程箭头法绘制的竖向设计图

②纵横断面法

此法多用于地形复杂地区或需要作较精确的竖向设计时。一般先在场地总平面图上根据竖向设计要求的精度，绘制出方格网（精度越高则方格网越小），并在方格网的每一交点上注明原地面标高和设计地面标高，即：

$$\frac{原地面标高}{设计地面标高}$$

然后沿方格网长轴方向绘制出纵断面、横断面，用统一比例标注各点的设计标高和自然标高，并连线形成设计地形和自然地形断面。纵横断面的交织分布，综合表达了场地的竖向设计成果（图 1.3）。

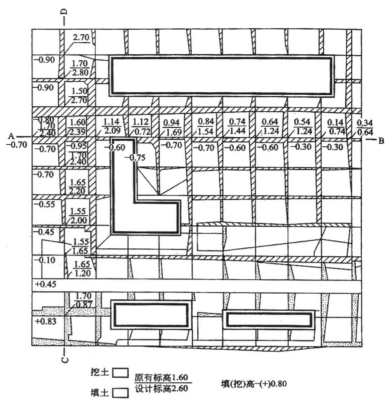

图 1.3　纵横断面法绘制的竖向设计图

③等高线法

等高线是地面上相同高程的相邻各点连成的闭合曲线，也就是设想水准面与地表面相交形成的闭合曲线，如图 1.4 所示。设想有一座高出水面的小山，

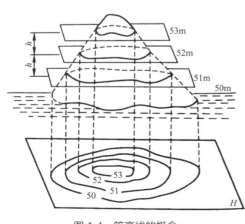

图 1.4　等高线的概念

与某一静止的水面相交形成的水涯线为一闭合曲线，曲线的形状随小山与水面相交的位置而定，曲线上各点的高程相等。这些等高线的形状和高程，客观显示了小山的空间形态。

通过研究等高线表示地貌的规律，可以归纳出等高线的特征：同一条等高线上各点的高程相等；等高线是闭合曲线，不能中断，如果不在同一幅图内闭合，则必定在其他图幅内闭合；等高线只有在绝壁或悬崖处才会重合或相交；等高线经过山脊或山谷时改变方向，因此山脊线与山谷线应和改变

方向处的等高线的切线垂直相交；在同一幅地形图上，等高
线间隔是相同的，因此等高线平均间距大表示地面坡度小，
等高线平均间距小则表示地面坡度大，平均间距相等则坡
度相同，如图 1.5 所示；倾斜平面的等高线是一组间距相等
且平行的直线。

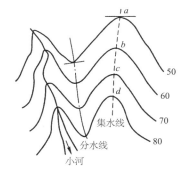

图 1.5　山脊线、山谷线与等高线的关系

通过等高线的特征区分的地形主要有以下四类：

·山头和洼地　山头等高线如图 1.6a 所示，洼地等高
线如图 1.6b 所示。山头与洼地的等高线都是一组闭合曲
线，但它们的高程注记不同。内圈等高线的高程注记大于外圈者为山头；反
之，小于外圈者为洼地。示坡线是垂直于等高线的短线，用以指示坡度下降的
方向。

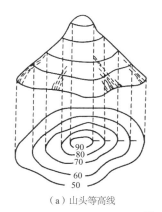

（a）山头等高线　　　　　　　　　　　（b）洼地等高线

图 1.6　等高线与平面关系

·山脊和山谷　山的最高部分为山顶，有尖顶、圆顶、平顶等形态。尖峭
的山顶叫山峰。山顶向一个方向延伸的凸棱部分称为山脊，山脊的最高点连
线称为山脊线，山脊等高线表现为一组凸向低处的曲线，如图 1.7a 所示。相
邻山脊之间的凹部是山谷，山谷中最低点的连线称为山谷线，如图 1.7b 所示，
山谷等高线表现为一组凸向高处的曲线。

·鞍部　相邻两山头之间呈马鞍形的低凹部位，如图 1.8 中的 S 处所示。
它的左右两侧的等高线是对称的两组山脊线和两组山谷线。鞍部等高线的特点
是在一圈大的闭合曲线内，套有两组小的闭合曲线。

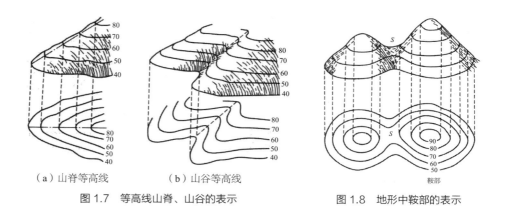

（a）山脊等高线　　　　（b）山谷等高线

图 1.7　等高线山脊、山谷的表示

图 1.8　地形中鞍部的表示

·陡崖和悬崖　陡崖是坡度在 70°以上接近 90°的陡峭崖壁，若用等高线表示则非常密集或重合为一条线，因此采用陡崖符号来表示，如图 1.9a、图 1.9b 所示；悬崖是上部突出、下部凹进的陡崖。上部的等高线投影到水平面时，与下部的等高线相交，下部凹进的等高线用虚线表示，如图 1.9c 所示。

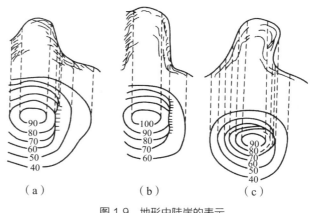

（a）　　　　　　（b）　　　　　　（c）

图 1.9　地形中陡崖的表示

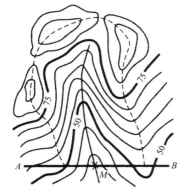

图 1.10　地形图中汇水范围的确定

地面上某区域内雨水注入同一山谷或河流，并通过某一断面（如道路的桥涵），这一区域的面积称为汇水面积。显然汇水面积的分界线为山脊线。如图 1.10 所示，流往 AB 断面的汇水面积，即为 AB 断面与该山谷相邻的山脊线的连线所围成的面积（图中虚线部分）。

设计等高线法多用于地形变化不太复杂的丘陵地区的场地竖向设计。其优点是能较完整地将任何一块用地或一条道路的设计地形与原来的自然地貌作比较，随时可以看出设计地面挖填方情况（设计等高线低于自然等高线为挖方，高于自然等高线为填方，所填挖的范围也清楚地显示出来），以便于调整，如图 1.11 所示。

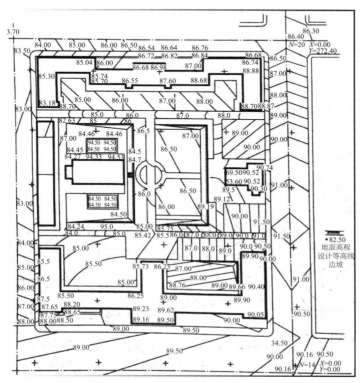

图 1.11　等高线绘制的竖向设计图

④模型法（也称沙盘法）

此方法就是将项目建成后的情况制作成模型供人们参观，如房地产开发项目会将整个建设区域制作成模型，供购买者参观。

2）竖向设计的图纸要求

竖向设计的合理安排，既是为了满足造景以及游人各种活动要求，也是为造园工程土方调配预算和地形改造施工提供主要依据。因此，竖向设计图的绘制必须规范、准确、详尽。

（1）竖向设计平面图

选择比例，确定图幅；画直角坐标网，确定定位轴线；根据地形设计，选定等高距，绘制等高线；绘制其他造园要素的平面位置；注写设计说明；画指北针或风向频率玫瑰图，注写标题栏。

（2）竖向设计立面图

在竖向设计图中，根据需要，可以绘出立面图，即正面投影图，使视点水平向所见地形、地貌一目了然，以说明地形上地物相对位置和室内外标高的关系；同时说明植被分布及树木空间的轮廓与景观气势，还可说明在垂直空间内地面上不同界面的处置效果。

①断面图

表示经垂直于地形的剖切平面切割后，剖切面上所呈现出的物像图，如图 1.12 所示。

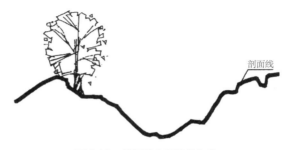

图 1.12　剖切线上呈现的物象

②剖面图

在竖向设计图中的表现形式有两种，可视不同场合的需要而采用。

·剖立面图　表示出剖切面上的景观，同时亦能表示出剖切面后可见的种种物像，如图 1.13 所示。

图 1.13　剖立面图

·剖面图　除表达剖切面上的景观外，还将此剖面后的景象以透视方式一同表现于图面上，如图 1.14 所示。

图 1.14　剖面图

1.2.1.3　竖向设计的坡度

地形按坡度大小可分为平地、缓坡地、中坡地、陡坡地、急坡地、悬坡地等多种类型，在景观工程设计中，不同类型地形的利用方式也不尽相同，如表 1.12 所示。

景观地形类型、坡度分级及景观工程应用表　　　　表 1.12

类型	坡度 /%	在景观工程中的应用
平地	≤ 3	可开辟大面积水体及作为各种场地之用；可自由布置园路与建筑，绿化亦不受限制；但需注意排水的组织，避免积水
缓坡地	3 ~ 10	可开辟中小型水体或用作部分活动场地；园路与建筑布置基本不受限制；绿化上适宜布置风景林和休憩草坪
中坡地	10 ~ 25	顺等高线可布置狭长水体；建筑群布置受一定限制，个体建筑可自由布置；通车道路需与等高线平行或斜交；垂直于等高线的游览道路须作梯级道路；营造大面积草坡或景观林地无限制
陡坡地	25 ~ 50	仅可布置井、泉、小水池等小型水体；建筑群布置受较大限制，个体建筑不限；通车园路只能与等高线成较小的锐角布置；梯级式游览道仍可布置；绿化基本无限制
急坡地	50 ~ 100	一般不能布置水体；布置建筑需作地形改造；车道只能沿等高线曲折盘旋而上，可设缆车道；游览道需做成高而陡的爬山磴道；乔木种植受一定限制，灌木基本无限制
悬坡地	> 100	属于不可建区域，但经特殊地形改造处理后可设置单个中小型建筑；车道、缆车道布置困难、爬山磴道边必须设置攀登用扶手栏杆或铁链

在景观工程中，对竖向空间的不同利用方式决定着不同的坡度取值。常用景观工程的坡度取值，如图 1.15 所示。

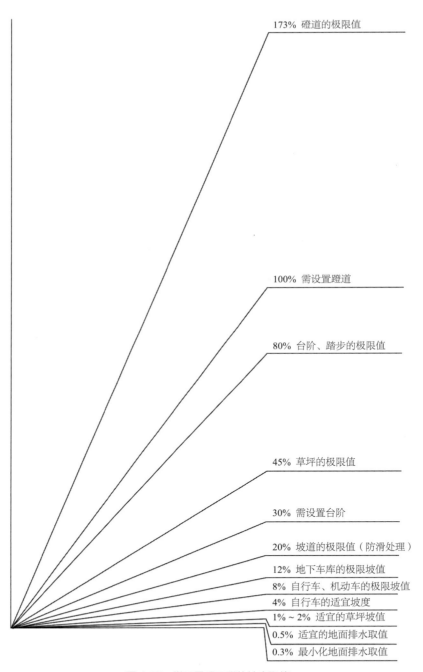

图 1.15　常用景观工程的坡度取值

1.2.2　土方工程技术措施

1.2.2.1　土方施工概述

土方施工往往具有工程量大，劳动繁重，较易受气候、土壤、水文、地质等不确定因素影响以及投资较大等特点，同时一些大的景观工程由于受到上述因素的影响，施工周期比较长。

1）土方施工的特点

（1）土方工程施工具有首要性的特点。合理的土方工程施工对节约投资和缩短工期，对整个园林建设工作都具有很大意义。

（2）不仅有外业施工，还有内业计算，内业计算对园林建设的意义很大。通过进行土方工程的计算可以明确地了解基地内各部分的填挖情况、动土量的大小。

（3）土方的合理调运是确保土方施工成功的重要步骤。

（4）直接影响园林植物的生长。

土方工程建设的同时还应该考虑植物的生长。应通过土方平衡，改善土质，以有利于植物生长。

2）影响土方施工的主要因素

（1）土壤的工程性质

影响土方施工进度与质量的土壤工程性质主要包括：

①土壤的密度

指单位体积内天然状态下的土壤重量，单位为 kg/m³。土壤密度的大小直接影响着施工的难易程度和开挖方式，密度越大，挖掘越难。

②土壤的自然安息角

土壤自然堆积，经沉落稳定后，将会形成一个稳定的、坡度一致的土体表面，此表面即为土壤的自然倾斜面。自然倾斜面与水平面的夹角，就是土壤的自然倾斜角，即自然安息角，以 α 表示，如图 1.16 所示。

③土壤含水量

土壤的含水量是土壤孔隙中的水重和土壤颗粒重的比值。土壤含水量的多少对土方施工的难易也有直接的影响。

④土壤的相对密度和土壤可松性

土壤的相对密度表示土壤在填筑后的密实程度。土壤可

图 1.16　土壤的自然安息角

松性是指土壤经挖掘后，其原有密度结构遭到破坏，土体松散而使体积增加的性质。一般情况下，土壤密度越大，土质越坚硬密实，则开挖后体积增加越多，可松性系数越大，对土方平衡和土方施工的影响也就越大。

⑤土壤的工程分类

不同种类的土壤，其组成状态、工程性质均不同。土壤的分类按研究方法和适用目的不同而有不同。

（2）施工方案

主要包括确定施工工艺流程，选择大型施工机械和主要施工方法等。合理的施工方案可保证土方施工的进度。

（3）施工组织

施工组织设计是指导施工项目管理全过程的规划性的、全局性的技术经济文件。

（4）天气变化情况

对土方工程施工工期影响最大的因素为天气，影响最严重的就是长时间连续降水，特别是在土方填筑的过程中。

1.2.2.2　土方施工技术

土方工程施工的内容包括挖方、运土、填压土方、修整成品等。其施工方法有人力施工、机械化和半机械化施工，施工方法的选用要依据场地条件、工程量和当地施工条件而定。

1）土方施工一般程序

（1）土方施工程序

施工前准备工作→现场放线→土方开挖→运方填方→成品修整与保护。

（2）土方施工准备工作

主要包括分析设计图纸、现场勘察、落实施工方案、清理场地、排水和定点放线，以便为后续土方施工工作提供必要的场地条件和施工依据等。

2）土方施工的技术要点（人工、机械）

人工挖方适用于一般园林建筑、构筑物的基坑（槽）和管沟，以及小溪、带状种植沟和小范围整地的挖土工程。

（1）现场施工方法

施工流程：确定开挖的顺序和坡度→确定开挖边界与深度→分层开挖→修整边缘部位→清底。

①确定坡度。在天然湿度的土中，开挖基坑（槽）和管沟时，当挖土深度

不超过规定数值时，可不放坡、不加支撑。

②确定开挖顺序。根据基础和土质以及现场出土等条件，合理确定开挖顺序，然后分段分层平均下挖。

③当土方开挖接近地下水位时，应先完成标高最低处的挖方，以便在该处集中排水。

④基坑（槽）管沟施工。在开挖过程和敞露期间应防止塌方，必要时应加以保护。基坑挖好后不能立即进行下道工序的，应预留 15 ～ 30cm 的土层，待下道工序开始时再挖全设计标高。

⑤开挖的土方，在场地有条件堆放时，一定留足回填用的好土，多余的土方应一次运至弃土处，避免二次搬运。

（2）注意问题

①施工人员应有足够的工作面，以免互相碰撞，发生危险。一般平均每人应有 4 ～ 6m² 的作业面面积，两人同时作业的间距应大于 2.5m。

②开挖土方附近不得有重物和易坍落物体。凡在挖方边缘上侧临时堆土或放置材料，应与基坑边缘至少保持 1m 的距离，堆放高度不得超过 1.5m。

③随时注意观察土质情况，使之符合挖方边坡要求。操作时应随时注意土壁的变动情况，当垂直下挖超过规定深度（≥ 2m），或发现有裂痕时，必须设支撑板支撑。

④土壁下不得向里挖土，以防坍塌。在坡上或坡顶施工者，不得随意向坡下滚落重物。

⑤深基坑上下应先挖好阶梯或开斜坡道，并采取防滑措施，严禁踩踏支撑上下，坑的四周要设置明显的安全栏。

⑥注意基底超挖。开挖基坑（槽）或管沟均不得超过基底标高。如个别地方超挖，其处理应取得设计单位的同意，不得私自处理。

⑦软土地区桩基挖土应防止桩基位移。在密集群桩上开挖基坑时，应在打桩完成后，每隔一段时间再对称挖土；在密集桩附近开挖基坑（槽）时，应事先确定防桩基位移的方法。

⑧施工顺序不合理。土方开挖宜先从低处开始，分层分段依次开挖，形成一定坡度，以利排水。

⑨开挖尺寸不足。基坑（槽）或管沟底部的开挖宽度，除结构宽度外，应根据施工需要增加工作面宽度，如排水设施、支撑结构所需的宽度，在开挖前

均应考虑。

⑩基坑（槽）或管沟边坡不直不平，基底不平。应加强检查，随挖随修，并要认真验收。

（3）成品保护

①对定位标准桩、轴线引桩、标准水准点、桩头等，挖运土时不得碰撞，并应经常测量和校核其平面位置、水平标高和边坡坡度是否符合设计要求。

②土方开挖时，应防止邻近已有建筑物或构筑物、道路、管线等发生下沉或变形。必要时，与设计单位或建设单位协商采取防护措施，并在施工中进行沉降和位移观测。

③施工中如发现有文物或古董等，应妥善保护，并应立即报请当地有关部门处理后，方可继续施工。

1.2.3 绿化设计及工程技术措施

1.2.3.1 绿化种植设计

1）景观绿化的功能

（1）营造生态环境

绿化是景观中最重要的部分，景观绿化最重要的一个功能便是营造生态环境，植物不仅可以调节气候、防风固沙、涵养水源、吸附灰尘、杀菌解毒，同时可以提供动物栖息环境，增加物种的多样性及维持生态系统的平衡，营造良好的生态环境，如图 1.17 所示。

图 1.17　植物营造的良好生态环境（2019 年中国北京世园会上海园）

（2）构成与塑造空间

作为景观的一种建构元素,通过对植物的使用可构成和塑造出如开敞空间、半开敞空间、密闭空间、覆盖空间等多种不同的空间形式,从而起到围合空间、连接场地、遮挡视线、控制私密性等作用。同时,植物也起到将不同的景观单元在空间上进行分隔与联系的作用（图1.18）。

图 1.18　景观营造的不同空间感受

（3）观赏与感知自然

植物作为一种自然元素,在景观中不仅能够通过其形、花、叶、姿、实等在视觉、听觉、嗅觉、味觉等方面让人感知春华秋实、夏阴冬姿的季相更替、时令变化,同时能通过花、叶、根、枝等反映阴晴雨雪的不同气候变化。

（4）完善与统一景观形象

将绿化作为一条联系的纽带,可将景观环境中所有不同的元素和成分在视觉上进行完善。同时通过以植物重现建筑形状和块面的形式,或通过将建筑物轮廓线延伸至其临近的周围绿化景观环境中的方式,完善或强化设计的统一性（图1.19）。

图 1.19　对线型道路空间的强化

（5）强化识别空间

除了在景观环境塑造中通过植物提供完善与统一的背景外，还可通过诸如花叶、姿态等具有独特性的植物的选用，在塑造植物景观的同时，形成景观环境的识别要素，强调空间的景象主题（图1.20）。

图 1.20　植物作为景观环境的识别要素

（6）人文与意境的升华

由于地理位置、生活文化以及历史习俗等原因，在造景过程中，植物逐渐成了寄情的对象，被赋予了更多的人文精神，甚至人格化，从而可升华景观的人文与意境。如欧洲许多国家认为橄榄枝象征和平；我国古典园林中松竹梅被称为"岁寒三友"，象征坚贞、气节和理想，代表着高尚的品质。除了以上主要的几种造景功能外，植物还具有柔化硬质景观、为不同景观提供"画框"等作用。

2）植物分类及造景特性

植物由于分类方式不同、类别不同，在景观中的作用也不尽相同，具体如表1.13所示。

植物分类及造景特性　　　　　表 1.13

分类方式	分类	特征与造景特性
大小	大中型乔木	大乔木高度一般在 12m 以上，中乔木高度一般为 9～12m，在造景中可作为主景树和视觉焦点来使用，大面积栽植分枝较高的大中型乔木可形成覆盖空间
	小乔木和装饰植物	高度为 4.5～6m，是主要的景观前景和观赏树种，可作为主景和标志性景观使用
	高灌木	高度为 3～4.5m，可塑造垂直空间，屏障视线，或作为背景树种
	中灌木	高度 1～2m，作为绿篱限制空间，在高灌木或小乔木与矮小灌木之间过渡视线
	矮小灌木	高度 0.3～1m，主要起分隔和限制空间、连接视线的作用
	地被植物	高度 0.3m 以下，作为绿色的铺地材料，可起到暗示空间的范畴和边缘、统一不同要素的作用
外形	纺锤形	向上引导视线，突出空间的垂直界面
	圆柱形	同纺锤形功能类似
	水平展开形	产生宽阔感和外延感，引导视线向水平方向移动，分枝较高的水平展开形植物可形成连续的覆盖空间
	圆球形	无方向性和倾向性，多以自身的形体突出其造景中的主导地位
	圆锥形	视觉景观的重点，可与几何性建筑或景观配合使用
	垂枝形	由于其下垂的枝条可将视线引向地面，是水陆边界常用的植物材料
	特殊形	有不规则式、扭曲式、缠绕螺旋式等，宜作为景观树种孤植使用
色彩	深色	由于色深而感觉"趋向"观赏者，可作为浅色植物或景观小品的背景，在较大的空间中使用可缩小空间的尺度感
	浅色	由于色浅而感觉"远离"观赏者，在较小的空间中使用可加大空间的尺度感
	中间色	多作为深色和浅色植物之间的过渡
树叶类型	落叶型	可突出季相变化，冬季具有特殊的形体效果
	针叶常绿型	多作为背景树或用来遮挡视线或季风，宜集中配置
	阔叶常绿型	冬季的主要绿色树种
质地	粗壮型	叶片大，浓密且枝干粗壮，有"趋向"观赏者的动感，会造成观赏者与其之间的视距短于实际距离的幻觉
	中粗型	为主要的绿化树种
	细小型	叶片细腻，有"远离"观赏者的动感，会造成观赏者与其之间的视距大于实际距离的幻觉

1.2.3.2 绿化设计的施工程序

在景观工程中，绿化设计包括绿化种植功能分区，绿化种植景观控制规划，绿化种植详细设计（立面组合、群体设计、植物排布等），植物选择、控制与统计等。

1）绿化种植功能分区

绿化种植在景观工程的不同区域空间具有不同的功能，如完善与统一景观形象的背景功能、营造多样性环境的生态功能、观赏与感知自然的主景功能、构成与塑造空间的建构功能、强调空间的识别功能及升华人文与意境的寄情功能等，故在种植规划设计之初就需要根据景观工程的总体规划设计对绿化种植进行点、线、面的功能区划分，从而进一步确定不同区块绿化种植的景观控制原则和控制指标。

2）绿化种植景观控制规划

当对绿化种植根据总体规划进行功能分区后，便需要对其进行景观控制规划。一般绿化种植景观控制规划可从宏观到微观、从总体到局部进行规划设计，具体可分为面状区域的绿化种植景观控制、线型空间的绿化种植景观控制和点状空间的绿化种植景观控制三个层次。

（1）面状区域绿化种植景观控制规划

面状区域的绿化种植景观控制规划一般根据各区块的功能定位，确定其景观类型、景观效果、景观构成、天际轮廓线等，从景观特色、植被郁闭度、物种多样性、色彩丰富度等方面对各区块进行绿化种植规划，进而提出树种使用要求，确定拟用的主导树种、辅助树种及补充树种，并确定不同区块内的主要绿化种植景点，如表 1.14 所示。

广场种植规划面状解析表　　　　　　　　　　　　表 1.14

主导功能	绿化区域	功能特征	功能要求	郁闭度	天际线	景观效果	植物要求
强化及衬托	区域 A	主景雕塑前景	主景雕塑前景	低	/	以低矮的绿化形成主景雕塑的前景	常绿草坪 + 低矮修剪灌木
	区域 B	主景雕塑背景	主景雕塑背景	较高	水平	单向引导视觉景观	高度常绿乔木，树高 12m 以上
	区域 C	景墙衬托背景	衬托景墙	—	随景墙变化，动感起伏	乔木 + 灌木形成立体绿化	0.4m 左右高，修剪常绿灌木，8 ~ 12m 高常绿乔木

续表

主导功能	绿化区域	功能特征	功能要求	郁闭度	天际线	景观效果	植物要求
美化及生态	区域 D	道路绿化遮阴造景	道路绿化、遮阴、造景	—	随地形变化，相对水平	部分道路两侧均有植物覆盖，相对部分道路视觉单向引导，并突出植物季相变化	秋季色叶树种，树高 8～12m，分枝点不宜过低
	区域 E	活动场地绿化	活动场地绿化	—	—	结合场地形成绿化覆盖空间	分枝高度大于 3m 的落叶乔木
	区域 F	背景性绿化区	背景绿化	—	—	/	选用价格较为低廉，观赏性较好的草种
变化及造景	区域 G	绿化造景	绿化景点	—	—	丛植，植物姿态、色彩	观赏价值高，高度错落有致
弱化及遮挡	区域 H	遮挡外围不良景观	遮挡外围不良景观	—	水平	/	高大常绿、落叶乔木，树高 10m 以上，分枝低

（2）线型空间绿化种植景观控制规划

在景观工程中，线型空间主要包括景观道路、河道、滨水线等。

在景观道路的绿化种植景观控制中，应充分体现景观道路的功能特征。景观道路在绿化种植时需确定主次关系，结合不同景区自身的特色，形成绿廊、绿轴、绿面等景观效果，塑造覆盖、开敞、半开敞等空间形式，确定和强调特色的道路绿化景观，如枫香小道、竹林小径、桂花走廊等，体现植物景观的花、色、果、味、姿等。

在河道景观或滨水景观塑造中，除了结合河道、滨水线、景区形成绿廊、绿轴、绿面等效果，塑造覆盖、开敞、半开敞等空间形式外，需结合游船的游览速度控制景观单元的长度和规模，确定和强调特色的滨水绿化景观，如特色绿化河道、特色绿化水岸等，并形成与水景相得益彰的天际线。

3）绿化种植详细设计

当绿化种植景观控制规划确定后，便需要根据不同景区、景点进行绿化种植的详细设计，具体内容包括植被的立面组合、群体设计和植物排布等，如表 1.15 所示。

绿化种植详细设计内容　　　　　　　　　　　　表 1.15

分类	设计内容
立面组合	根据绿化景观控制规划，进行植被的立面组合研究，设计天际线、立面形态等
群体设计	根据景点分类进行植被的群体设计，确定组与组、群与群之间不同植被的数量、规模比例关系，相互的生态组合关系等
植物排布	植被的具体排布，乔、灌、地被、草之间的空间排布关系

4）植物选择、控制与统计

为了有效控制绿化的种植效果、指导绿化种植施工和为工程预算提供依据，在绿化施工图设计中需要进行植物选择、苗木规格控制和统计。

对于植物和苗木的规格，常绿乔木、落叶乔木、常绿花灌木、落叶花灌木、造型球类植物、攀缘类植物、地被类植物、水生类植物等控制的指标不尽相同，一般均以主要的指标进行控制，以其他指标进行辅助控制。

1.2.3.3　种植施工图的内容与方法

种植施工图是植物种植施工、工程预决算、工程施工监理和验收的依据。绘制时应在整体把握植物生态习性和园林设计构思的基础上，通过图形、线条和文字的有机组合，清晰、准确地表达出种植设计的各项要求，达到直接指导施工的目的。

1）种植施工图的内容

（1）种植施工平面图　根据树木种植设计，在施工总平面图基础上，用设计图例绘出各种植物的具体位置和种类、数量、种植方式及株行距等。

（2）种植施工局部大样图　对于重点树群、树丛、林缘、绿篱、花坛、花卉及专类园等，可附种植大样图，标明种植平面图中表示不清的其他细部尺寸、材料和做法。

（3）种植施工立面图、剖面图　对于较复杂的种植设计，为表示竖向上各园林植物之间的关系、园林植物与周围环境及地上、地下管线设施之间的关系，可绘制种植施工立面图、剖面图。

（4）通过文字阐述图形、线条所不能表达的内容　园林种植施工图中，需要以文字阐述的内容分别为植物名录表以及种植说明。

2）基本要求与方法

根据树木种植设计，在施工总平面图基础上，用设计图例绘出各种植物的具体位置和种类、数量、种植方式及株行距等。图纸内容应包括种植定位、种植标注、植物名录以及种植说明。

（1）种植定位　通过图形、图线准确表达种植点的位置与种植密度、种植结构、种植范围及种植形式。

（2）种植标注　自然式植物种植设计图，宜用与设计平面图、地形图同样大小的坐标系确定种植位置。规则式植物种植设计图，宜相对某一原有地上物，用标注株行距的方法，确定种植位置。

（3）苗木统计表　用列表方式绘制苗木统计表，并说明设计植物的编号或图例、树种名称、拉丁文名称、规格、出圃年龄和数量等。

（4）种植说明　种植说明是园林种植施工图的重要组成部分，是对植物种植施工要求的详细阐述。包括栽植地区客土层的处理，客土或栽植土的土质要求；地形的要求；对选用苗木规格、苗木修剪、施工过程、后期管理等方面的具体要求等。

1.2.3.4　绿化施工技术要点

影响移植成活的因素：

（1）移植期　指栽植树木的时间。树木的种植是有很明显的季节性的，选择树木生命活动最微弱的时候进行移植，更能保证树木的成活。

（2）水　移植总会使植物根部受到不同程度的损伤，其结果如造成植株地上部分和地下部分失去生理平衡，往往会导致移植失败。移植的成活率，依据根部有无再生力、树体内储存物质的多寡、曾断根否、移植时及移植后的技术措施是否适当等而有所不同。

（3）温度　植物的自然分布和气温有密切的关系，不同的地区应选用能适应该区域条件的树种。实践证明：当日平均温度等于或略低于树木生物学最低温度时，移植成活率高。

（4）光　植物的同化作用是光反应，所以除二氧化碳和水以外，还需要波长为 490 ~ 760nm 的绿色和红色光，如表 1.16 所示。

光的波长对植物的影响　　　　　　　　　　　表 1.16

光线	波长 /nm	对植物的作用
紫外线	400 以下	对许多合成过程有重要作用，过度则有害
紫—蓝色光	400 ~ 490	有折光性，光在形态形成上起作用
绿—红色光	490 ~ 760	光合作用
红外线	760 以上	一般起提升温度的作用

一般光合作用的速度随着光强增加而加强。弱光状态下，光合作用吸收的二氧化碳和其呼吸作用放出的二氧化碳是同一数值，此时的光强称作光饱和点。阴天或遮光的条件，对提高移植成活率有利。

（5）土壤　土壤是树木生长的基础，它是通过其中水分、肥分、空气、温度等来影响植物生长的。适宜植物生长的最佳土壤是：矿物质 45%，有机质 5%，空气 20%，水 30%（以上为体积比），如表 1.17 所示。

树木和草的土质类型（%）　　　　　　　　　　表 1.17

种别	黏土	黏砂土	砂
树木	15	15	70
草类	10	10	80

1.3　护坡及挡土墙构造技术

1.3.1　护坡与挡土墙的区别

护坡是为防止边坡受冲刷而在坡面上所做的各种铺砌和栽植的统称。

挡土墙是指支承路基填土或山坡土体，防止填土或土体变形失稳的构造物。在挡土墙横断面中，与被支承土体直接接触的部位称为墙背，与墙背相对的、临空的部位称为墙面，与地基直接接触的部位称为基底，与基底相对的、墙的顶面称为墙顶，基底的前端称为墙趾，基底的后端称为墙踵。

护坡和挡土墙的区别在于，挡土墙能够承受其墙背后面楔形土的压力，而护坡本身不承担土压，只是防止雨水冲刷及水土流失。

1.3.2　护坡构造技术

1.3.2.1　护坡的定义与作用

护坡是保护坡面、防止雨水径流冲刷及风浪拍击的一种水工措施，一般可用于湖体的防护及溪流的边坡构筑。当河湖坡岸并非陡直而不采用岸壁直墙时，可在土壤斜坡上铺各种材料护坡，以保证岸坡稳定。

1.3.2.2　护坡的类型

护坡在景观工程中应用广泛，能产生自然、亲水的效果。护坡方法的选择应依据坡岸用途、构景透视效果、水岸地质状况和水流冲刷程度而定。目前常见的方法有铺石护坡、灌木护坡和草皮护坡。

1）铺石护坡

当坡岸较陡、风浪较大或者有造景需要时，可采用铺石护坡。铺石护坡施工容易，抗冲刷力强，经久耐用，护岸效果好，可因地造景，灵活随意，是园林常见的护坡形式。

2）灌木护坡

灌木护坡较适于大水面平缓的坡岸。由于灌木有韧性，根系盘结，不怕水淹，能耐弱风浪冲击，可减少地表冲刷，护岸效果较好。护坡灌木要具备速生、根系发达、耐水湿、株矮常绿等特点，可选择沼泽生植物护坡。

3）草皮护坡

草皮护坡适于坡度在 1∶20 ～ 1∶5 之间的湖岸缓坡（图 1.21）。护坡草种要求耐水湿，根系发达，生长快，生存力强。护坡做法根据坡面具体条件而定，如原坡面有杂草生长，可直接利用杂草护坡，但要求美观。最为常见的是块状或带状种草护坡，铺草时沿坡面自下而上呈网状铺草，用木方条分隔固定，可在草地散置山石，配以灌木。

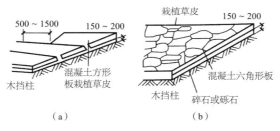

图 1.21　草皮护坡

1.3.3　挡土墙构造技术

1.3.3.1　挡土墙的作用及分类

1）挡土墙的作用

挡土墙是防止土体坍塌的构筑物。当由自然土体形成的陡坡超过所容许的极限坡度时，土体的稳定性会遭到破坏而产生滑坡和塌方，天然山体甚至会形成泥石流。挡土墙的作用就是支持土坡、防止其坍塌，在景观工程中常用于堤岸、驳岸、假山、水榭等处，其常用材料有块石、砖石、混凝土以及钢筋混凝土等。

2）挡土墙的分类

（1）重力式挡土墙　挡土高度不超过 5m 的，常选用重力式挡土墙。其结构简洁，便于施工，缺点是基底应力不平衡，墙趾部位的基底应力远大于墙踵的基底应力。园林中通常采用的重力式挡土墙，常见的形式有直立式、倾斜式、台阶式三种，如图 1.22 所示。

图 1.22　重力式挡土墙形式

（2）直立式挡土墙　墙面基本与水平面垂直，但也允许有 10∶0.2 ～ 10∶1 的倾斜度。直立式挡土墙由于墙背所承受的水平压力大，只宜用于几十厘米到 2m 高的挡土墙。

（3）倾斜式挡土墙　墙背向土体倾斜，倾斜坡度在 20% 左右。倾斜式挡土墙水平压力相对减少，同时墙背坡度与天然土层比较密贴，可以减少挖方数量和墙背回填土的数量，适用于中等高度的挡土墙。对于更高的挡土墙，为了适应不同土层深度土压力和利用土的垂直压力增加稳定性，可将墙背做成台阶形。

（4）衡重式挡土墙　当挡土高度超过 5m 时，则采用衡重式挡土墙，其最大优点是可利用下墙的衡重平台迫使墙身整体重心后移，使得基底应力趋于平衡，适当提高挡土高度，如图 1.23 所示。衡重式挡土墙能够提高的挡土高度也是有限的。

（5）钢筋混凝土扶臂式挡土墙　这种形式的挡土墙可进一步提高挡土墙砌筑高度，但挡土墙底板必须有足够的宽度，同时挡土墙耗钢材量大，造价颇高，而且墙体均为立模现浇，施工不易，如图 1.24 所示。

（6）加筋挡土墙　这是一种能满足软土地基砌筑高挡墙需求的理想结构，如图 1.25 所示。加筋挡土墙造价低廉，利于快速施工，但实际应用较少，主要原因是挡土墙筋垂直交叉、互有干扰。

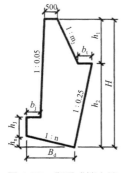

图 1.23　衡重式挡土墙

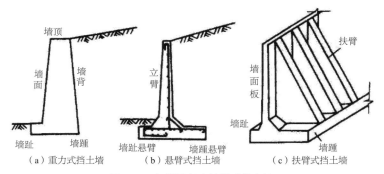

（a）重力式挡土墙　　　（b）悬臂式挡土墙　　　（c）扶臂式挡土墙

图 1.24　钢筋混凝土扶臂式挡土墙

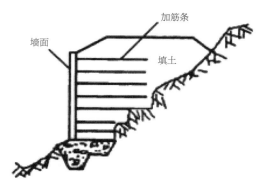

图 1.25　加筋挡土墙

1.3.3.2　挡土墙的排水处理

挡土墙后土坡的排水处理对于维持挡土墙的正常使用关系重大，特别是雨量充沛和冻土地区，如图 1.26 所示。

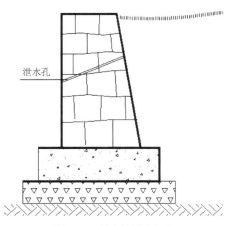

图 1.26　挡土墙排水处理

1）地面封闭处理

在墙后地面上，根据各种填土及使用情况采用不同地面封闭处理，以减少地面渗水。在土壤渗透性较大而又无特殊使用要求时，可做 20 ~ 30cm 厚夯实黏土层或种植草皮封闭，还可采用胶泥、混凝土或浆砌毛石封闭。

2）泄水孔

墙身水平方向每隔 2 ~ 4m 设一孔，竖向每隔 1 ~ 2m 设一孔，每层泄水孔交错设置。泄水孔尺寸在石砌墙中宽度为 2 ~ 4cm，高度为 10 ~ 20cm，混凝土墙可留直径为 5 ~ 10cm 的圆孔或用毛竹筒排水，干砌石墙可不专设墙身泄水孔。

3）暗沟

有的挡土墙基于美观要求不允许设墙面排水时，除在墙背面刷防水砂浆或填一层不小于 50cm 厚黏土隔水层外，还需设毛石盲沟，并设置平行于挡土墙的暗沟，引导墙后积水，包括成股的地下水及盲沟集中之水与暗管相接。

在土壤或已风化的岩层侧面的室外作挡土墙时，地面应作散水和明、暗沟管排水，必要时做灰土或混凝土隔水层，以免地面水浸入地基而影响稳定。

1.3.3.3　挡土墙的设计步骤

挡土墙的设计步骤：估算用来抵抗墙体材料所需要的力；确定挡土墙和基础的剖面形式（图 1.27）；根据结构的稳定性分析墙体自身的稳定性；检测基础以下所能承受的最大压力；设计结构构件；确定回填处的排水方式；考虑可能发生的移动与沉降；确定墙体的饰面形式（当墙体高于 1m 时应由结构专家处理）。

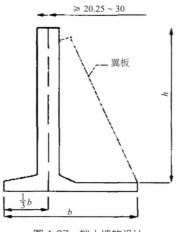

图 1.27　挡土墙的设计

注：对于混凝土挡土墙，水平荷载时，$b=0.45h$；超重荷载时，$b=0.6h$ 或 $1/2h$；水平面有道路荷载时，$b=0.65h$；墙体位置为 $1/3b$；墙厚 30cm，最小 20cm，加钢筋 12 ~ 25cm

1.3.4　护坡与挡土墙在景观设计中的应用

挡土墙和护坡是用来支承路基填土或山坡土体，防止填土或土体变形失稳的构造物。在路基工程中，挡土墙和护坡可用以稳定路堤和路堑边坡，减少土石方工程量和占地面积，防止水流冲刷路基，并经常用于整治坍方、滑坡等路基病害。

1.4　滨水驳岸工程构造技术

护坡（护岸）也是驳岸的一种形式，它们之间并没有严格的区别和界限。一般来说，驳岸有近乎垂直的墙面，以防止岸土下坍；而护坡（护岸）则没有用来支撑土壤的近于垂直的墙面，它的作用在于阻止冲刷，其坡度一般在土壤的自然安息角内。

驳岸是挡土墙的一种，它是正面临水的挡土墙，其作用包括：支撑墙后的土壤；保护坡岸不受水体的冲刷；高低曲折的驳岸使水体更加富于变化，提高园林的艺术性。

1.4.1　滨水驳岸工程

1.4.1.1　滨水驳岸的定义与作用

1）驳岸的定义

驳岸是一面临水的挡土墙，是支持陆地和防止岸壁坍塌的水工构筑物。驳岸用来维系陆地与水面的界限，使其保持一定的比例关系。如果水际边缘不做驳岸处理，就很容易因为水的浮托、冻胀或风浪淘刷而使岸壁坍塌，导致陆地后退，岸线变形，影响园林景观。通常水体岸坡受冲刷的程度取决于水面的大小、水位高低、风速及岸土的密实程度等，因而，要沿岸线设计驳岸以保证水体坡岸不受冲刷。

驳岸还可以强化岸线的景观层次。可以通过不同的处理形式，增加驳岸的变化，丰富水景的立面层次，增强景观的艺术效果。

2）驳岸的作用

驳岸可以防止因冬季冻胀、风浪淘刷、超重荷载而导致的岸边塌陷，对维持水体稳定起着重要作用，并构成园景、岸坡之顶，可为水边游览道提供用地空间。游览道临水而设，有利于拉近人与水景的距离，提高水景的亲和性。在水边游览道上，可以观赏水景，可以散步，还可以在岸边园椅上休息。而水体驳岸工程的兴建，正是发挥这种游览道功能的有效保障。同时，岸坡也属于园林水景构成要素的一部分。

1.4.1.2　滨水驳岸的分类

1）根据压顶材料的形态特征及应用方式，可分为规则式驳岸、自然式驳岸、混合式驳岸等。

（1）规则式驳岸　岸线平直或呈几何线形，用整形的砖、石料或混凝土块压顶。

（2）自然式驳岸　岸线曲折多变，压顶常用自然山石材料或仿生形式，如假山石仿树桩驳岸等。

（3）混合式驳岸　水体的驳岸方式根据周围环境特征和其他要求分段采用规则式和自然式，就整个水体而言则为混合式驳岸。某些大型水体，周围环境情况多变（如地形的平坦或起伏、建筑布局或风格的变化、空间性质的变化等），不同地段可因地制宜选择适宜的驳岸形式。

2）根据结构形式，可分为重力式驳岸、后倾式驳岸、插板式驳岸、板桩式驳岸、混合式驳岸。

（1）重力式驳岸　主要依靠墙身自重来保证岸壁的稳定，抵抗墙背土体的压力，如图 1.28a 所示。墙身的主材多为混凝土、块石或砖等。

（2）后倾式驳岸　是重力式驳岸的特殊形式，墙身后倾，受力合理，工程量小，经济节省，如图 1.28b 所示。

（3）插板式驳岸　由钢筋混凝土制成的支墩和插板组成，如图 1.28c 所示。其特点是体积小、施工快、造价低。

（4）板桩式驳岸　由板桩垂直打入土中，板边由企口嵌组而成，分自由式和锚着式两种，如图 1.28d 所示。对于自由式，桩的入土深度一般取水深的 2 倍，锚着式可浅一些。这种形式的驳岸施工时无需排水、挖基槽，工序简单，因此

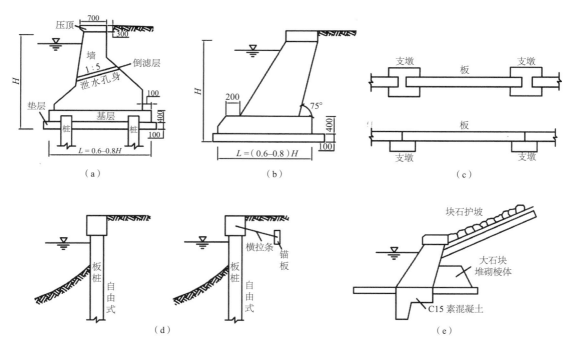

图 1.28　常见驳岸类型一（单位：mm）

适用于现有水体岸壁的加固处理。

（5）混合式驳岸　由两部分组成，下部采用重力式块石小驳岸和板桩，上部采用块石护坡等，如图 1.28e 所示。

3）根据驳岸的墙身主材和压顶材料，分为假山石驳岸、卵石驳岸、条石驳岸、虎皮墙驳岸、竹桩驳岸、混凝土仿树桩驳岸。

（1）假山石驳岸　墙身常用毛石、砖或混凝土砌筑，一般隐于常水位以下，岸顶布置自然山石，是最具园林特点的驳岸类型，如图 1.29a 所示。

（2）卵石驳岸　常水位以上用大的卵石堆砌或将小的卵石贴于混凝土上，风格朴素自然，如图 1.29b 所示。

（3）条石驳岸　岸墙以及压顶用整形花岗石条石砌筑，坚固耐用、整洁大方，但造价较高，如图 1.29c 所示。

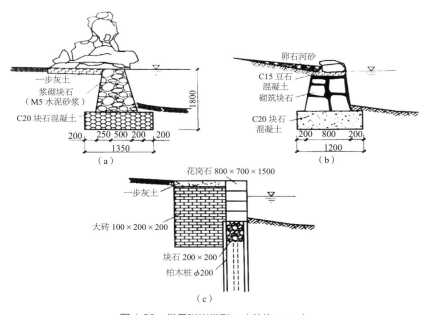

图 1.29　常见驳岸类型二（单位：mm）

（4）虎皮墙驳岸　墙身用毛石砌成虎皮墙形式，砂浆缝宽 20～30mm，可用凸缝、平缝或凹缝，压顶多用整形块料，如图 1.30a 所示。

（5）竹桩驳岸　南方地区冬季气温较高，没有冻胀破坏，加上盛产毛竹，因此可用毛竹建造驳岸。竹桩驳岸由竹桩和竹片笆组成，竹桩间距一般为600mm，竹片笆纵向搭接长度不少于 300mm 且位于竹桩处，如图 1.30b 所示。

（6）混凝土仿树桩驳岸　常水位以上用混凝土塑成仿松皮木桩等形式，别致而富韵味，观赏效果好，如图 1.30c 所示。

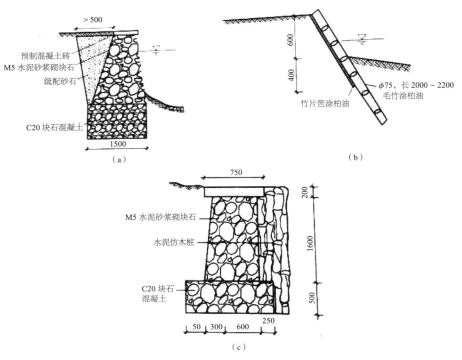

图 1.30　常见驳岸类型三（单位：mm）

除竹桩驳岸外，大多数驳岸的墙身通常采用浆砌块石。对于这类砖石驳岸，为了适应气温变化造成的热胀冷缩，其结构上应当设置伸缩缝。

1.4.1.3　滨水驳岸的结构

1）砌石类驳岸

砌石类驳岸是指在天然地基上直接砌筑的驳岸，其埋设深度不大，但基址坚实稳固。如石驳岸中的虎皮石驳岸、条石驳岸、假山石驳岸等。此类驳岸的选择应根据基址条件和水景景观要求确定，既可处理成规则式，也可做成自然式。如果水体水位变化较大，即雨季水位很高，平时水位很低，根据岸线景观需要，可将岸壁迎水面做成台阶状，以适应水位的升降。

2）桩基类驳岸

桩基是我国古老的水工基础做法（图 1.31），在水利建设中应用广泛，直至现在仍是常用的一种水工地基处理手法。当地表为松土层且下层为坚实土层

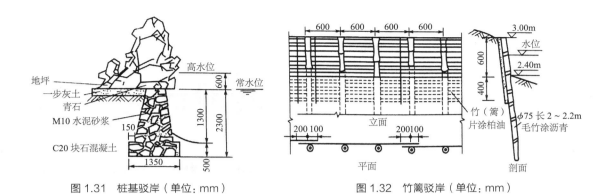

图 1.31　桩基驳岸（单位：mm）　　　　　　图 1.32　竹篱驳岸（单位：mm）

或基岩时最宜用桩基。

　　3）竹篱驳岸

　　竹篱驳岸是另一种类型的桩基驳岸，如图 1.32 所示，驳岸打桩后，基础上部临水面墙身由竹篱片或板片镶嵌而成，适于临时性驳岸。竹篱驳岸造价低廉、取材容易，施工简单，工期短，能使用一定年限。由于竹篱缝很难做得严实，因此不耐风吹浪击、淘刷和游船撞击，岸土很容易被风浪淘刷，造成岸篱分开，最终失去护岸功能。因此，此类驳岸适用于风浪小，岸壁要求不高，土壤较黏的临时性护岸地段。

1.4.2　生态驳岸工程

1.4.2.1　生态驳岸的定义

　　生态驳岸是指恢复河岸本身的可渗透性的人工河岸，它可以保持原有生态系统的生物多样性，往往采用了更加安全有效的新技术和工程方法。

1.4.2.2　生态驳岸的施工

1）木桩驳岸的施工

　　木桩驳岸施工前，应先对木桩进行处理，如按设计图纸图示尺寸将木桩的一头切削成尖锥状，便于打入河岸的泥土中；或按河岸的标高和水平面的标高，计算出木桩的长度，再进行截料。

　　木桩入土前，还应对原有河岸的边缘进行修整，挖去一些泥土，便于木桩打入。如果原有河岸边缘土质较松，还应进行适当的加固处理。

　　2）仿木桩驳岸的施工

　　仿木桩驳岸类似于木桩驳岸的施工方法，并且建成后如同木桩驳岸一样可以以假乱真。仿木桩驳岸施工前，应先预制加工仿木桩，一般是钢筋混凝土预制小圆桩，长度由河岸的标高和河底的标高决定，待小圆柱的混凝土强度达到100%后即可施打。完成后再用白色水泥掺和适量的颜料粉（颜料粉可以是氧化铁红、氧化铁黄等），调配成树皮的颜色，采用粉、刮、拉等手法装饰在圆柱体上仿制成木桩。

3）草皮驳岸的施工

为保证河岸边坡坚实稳固，坡度应设置在自然安息角以内，也可以把河坡做得平坦些，再对河岸边的泥土进行适当处理，或铺筑一层营养土，促使绿化植物良好生长。如果岸坡较陡，可以在草皮铺筑时，用竹钉固定，防止草皮下滑。草皮需要养护一段时间，至其生长入土，即完成了草皮驳岸的建设。地形变化在 1∶20～1∶5 之间时，可以考虑草皮护坡，但需要注意临水处的处理。

4）沙滩驳岸的施工

沙滩驳岸是仿照天然海滩的驳岸，在平坦的河岸边坡播撒白色的砂石或卵石。施工时，应先做河岸边坡的基层。因河岸边坡面积较大，因此，河岸边坡基层施工时，要放置钢筋，使河岸边坡整体性好，不开裂、不沉陷。其做法是：素土夯实→碎石垫层→素混凝土垫层→钢筋混凝土→面层白砂石或卵石。

5）景石驳岸的施工

景石驳岸是在块石驳岸完成后，在块石驳岸的岸顶面放置景石作为装饰。景石驳岸的平面布置最忌成几何对称形状，对不同宽度的带状溪涧，应布置成来回转折的形式，互为对岸的岸线要有争有让，少量峡谷则对峙相争。景石驳岸的断面要善于变化，应使其具有高低、宽窄、虚实和层次的变化，如高崖踞岸、低岸贴水、直岸上下、礁石露水等。

1.4.2.3　驳岸的设计原则

1）驳岸的平面位置

城市河流驳岸应按照城市河流系统规定驳岸位置，园林中河湖驳岸则依据施工设计来确定驳岸位置。在设计施工图上，水面位置用常水位显示。其中整形类驳岸岸顶一般 30～50cm 宽，倾斜类驳岸则根据岸坡倾斜度和岸顶高程求得驳岸位置。

2）驳岸的高程确定

岸顶高程应比最高水位高，以确保水体不致因风浪冲涌而上岸，高出的距离与当地风浪大小有关，风大时，可高出 50～100cm，反之，则可为

25～100cm。从造景的角度讲，深潭边的驳岸要求高一些，显出假山石的外形之美；而水清浅的地方，驳岸要低一些，以便于水体回落后露一些滩涂与之相协调。为了最大限度节约资金，在人迹罕至但地下水位高、岸边地形较平坦的湖边，驳岸高程比常水位稍高。

3）驳岸的横断面设计

驳岸的横断面图是反映其材料、结构和尺寸的设计图。驳岸的基本结构从下到上依次为基础、墙体、压顶。根据压顶材料的不同，驳岸可分为规划式和自然式两种类型。

（1）规划式驳岸　以条石或混凝土压顶的驳岸称规划式驳岸。这类驳岸规整、简洁、明快，适宜周围为规整的建筑物，或营造明快、严肃等氛围时应用。

（2）自然式驳岸　自然式驳岸主要用山石砌成，在符合功能要求的前提下，可考虑造景的要求。这类驳岸适宜应用于岸线不规则、迂回、变化多样，周围环境为自然生态，或营造自然闲适、灵动乐趣时使用。

1.4.3 驳岸设计的材料及工程技术要求

1.4.3.1 驳岸材料介绍

园林中常见的驳岸材料有花岗石、虎皮石、青石、浆砌块石、毛竹、混凝土、木材、钢筋、碎砖、碎混凝土块等，桩基材料有木桩、石桩、灰土桩和混凝土桩、竹桩、板桩等。

1）木桩

要求耐腐、耐湿、坚固、无虫蛀，如柏木、松木、橡木、榆木、杉木等。桩木的规格取决于驳岸的要求和地基的土质情况，一般直径 10～15cm，长 1～2m，弯曲度小于 1%。

2）灰土桩和混凝土桩

适用于岸坡水淹频繁而木桩又容易腐蚀的地方。坚实、耐压、不透水，但投资成本大于木桩。

3）竹桩与板桩

造价低廉，取材容易，如毛竹、大头竹、撑篙竹等均可采用。

1.4.3.2 影响驳岸结构的因素

驳岸分成湖底以下基础部分、最低水位线以下部分、最低水位与最高水位线之间的部分及最高水位线以上部分，破坏驳岸的主要因素如表 1.18 所示。

破坏驳岸的主要因素   表 1.18

项目	内容
地基不稳下沉	由于湖底地基承载力与岸顶荷载不相适应而造成均匀或不均匀沉陷,使驳岸出现纵向裂缝,甚至局部塌陷。在冰冻地带湖水不深的情况下,可由于冻胀而引起地基变形。如果以木桩做桩基,则可能因桩基腐烂而下沉。在地下水位较高处则可能因地下水的托浮力影响地基的稳定
湖水浸透、冬季冻胀力的影响	从常水位线至湖底被常年淹没的层段,其破坏因素是湖水浸渗。我国北方地区冬季天气较寒冷,因水渗入岸坡中会冻胀而使岸坡断裂。湖面的冰冻也在冻力作用下,对常水位以下的岸坡产生推挤力,把岸坡向上、向外推挤,而岸壁后土体产生的冻胀力又将岸壁向下、向里挤压,这便造成岸坡的倾斜或移位。因此,在岸坡的结构设计中,主要应减少冻胀力对岸坡的破坏作用
风浪的冲刷与风化	常水位至最高水位这一部分经受周期性的淹没,水位变化频繁也会对驳岸造成冲刷腐蚀破坏。最高水位以上不淹没的部分主要是受浪激、日晒和风化侵蚀
岸坡顶部受压影响	岸坡顶部可因超重荷载和地面水冲刷而遭到破坏。岸坡下部被破坏也将导致上部岸坡顶部受压而连锁破坏

1.5 水景工程及防水措施技术

1.5.1 水景工程概述

水体作为风景园林设计中一个重要的自然设计因素,不仅能够提供各类用水,而且还具有改善生态环境,调节气候、排洪蓄水、提供人群亲水活动空间的作用。水具有良好的可塑性,其状态、色彩、声音、倒影蕴涵着无穷的诗情画意,给人以"美"的启迪与享受。

1.5.1.1 基本知识

水具有许多实用功能,如改善环境,调节气候,控制噪声,提供生活和生产用水,交通运输,汇集和排泄天然雨水,防护与隔离,防灾,提供体育娱乐活动场所,提供观赏性水生动物和植物的生长条件等。在园林设计的发展过程中,水的实用功能逐渐弱化而更为强调视觉审美功能。一般而言,有两种造景方式,一是以水做景观,二是借水形成景观。

(1)以水做景观 以水为主体形成景观,通过人为的方式将水体做成具有不同视觉形态与状态的景观作品,如喷泉、跌水、水池和人工溪流等。

(2)借水形成景观 借助河流、湖泊、沼泽湿地、海洋等自然水体,营建、美化与之相关的景观部分,如堤坝、护栏、滨水道路、观景平台、桥梁、垒砌山石、公共艺术品、景观建筑、滨水植物、休闲环境等。

这两种方式使水的运用与景观结合，产生相互映衬、相互对比、相互依存的造景作用。这些作用大致分为以下四种：

（1）映衬作用　利用宽阔、平坦的水面，对映、衬托岸畔的山峦、植物、建筑以及天色等物象，使之形成具有风景价值又富于变幻的景观环境。

（2）主体作用　以水为造景主体，突出水景在陆地环境中的视觉价值，使之成为景观环境中的主体景观。

（3）带系作用　带状的水成为构成社会关系、维系生命需要的首要条件，由生存需要衍生为视觉需要，并以此种方式作用于景观环境之中。

（4）灵动作用　在景观环境设计中，水景观的运用给予不变的场所以可变的视觉要素，使得环境有了一些不确定性，由此产生灵动的作用。水景观常常以瀑布、池塘、溪流、涌泉、跌落等方式呈现。

1.5.1.2　水景常见类型

水景按照形成方式可以分为两大类。一类是自然式，利用现有地势或土建结构，模仿大自然中水体建造而成，如溪流、瀑布、泉涌、水帘、叠水等，这些在我国传统园林中有较多应用，并表现出极高的艺术技巧，水体聚散有时，自然曲折，湖岛相间，虚实结合，表现出旷远、幽远的空间效果，营造咫尺空间却水无尽、意无穷的效果。而现代水景则向大型化方向发展。另一类是人工型，依靠喷泉技术设备造景，建成各种各样的喷泉，如音乐喷泉、雾化喷泉、波光喷泉、旱喷等。

水景依据水流的状态可分为静水和动水两种。静水，即静态水景，一般指平坦、看不见水流动的水体，如湖、池、潭等，呈现为宁静、朴实、祥和、明朗。它主要起到净化空气、掩映环境、分隔空间、增加景深和空间层次、烘托气氛的作用。动态水景则生动、活跃、具有生命力，利用落差、阻挡、声音、流量等来增强活力和动感，可以分为位能动水和动能动水两种。

从景观效果看，水景表现为水池、溪流、落水、喷泉等多种形式，如表1.19所示。

水景形式一览　　　　　　　　表 1.19

类型	形式		特征
静水	不受外界环境影响的水体	反射	通过水面的反光特性产生镜面效应，映出周围环境的景物，形成"隔岸观桃花，一枝变两枝"的效果
		透光	通过水体的透光效应，清晰地反映池底的材质

类型	形式		特征
静水	受风等外界环境影响的水体	质地	在风等外界环境的影响下，产生浪花的水面能表现出一定的质地
		媒介	产生浪花的水面可成为表现池底质地的媒介
动水	溪流		水的行为特征，如平静或奔流，取决于其流量，河床的大小、坡度、宽窄，驳岸的形式，河底的质地等
	落水	自由落式	水不间断地从一个高度落到另一个高度，其特征取决于水的流量、流速、落差、瀑口、瀑身、承瀑台等的形状、质地等
		跌落式	瀑布在不同高度的平面上相继落下
		滑落式	水沿斜坡滑落而下
	喷泉	单射流	水由单管喷头喷射
		喷雾式	利用微孔高压撞击式雾化技术，使水在瞬间分裂成亿万个 $1 \sim 10\mu m$ 的雾分子，达到气雾状，呈悬浮状态，如同自然雾的一种喷泉形式
		充气式	由孔径较大的喷嘴将水体喷射形成湍流水花效果的喷泉
		造型式	由各种类型的喷泉通过一定的造型组合而形成的喷泉
		音乐式	由弱电控制的音乐一起形成的喷泉，水姿随音乐的节拍而变换

1.5.1.3 水的景观效应

水的景观效应是人通过自己的视觉、听觉和触觉等对水体及其周围环境产生感知，进而激发某种情感和兴致，也就是产生景观感应的人与自然形意相融的效应。这些景观效应可由不同景观要素的形态美、线条美、色泽美、动态美、静态美以及听觉美和嗅觉美等美学特征所诱发。

1）基底作用

大面积的水面视域开阔坦荡，有托浮岸畔或水中景观的基底作用。如水面不大，但在整个空间中仍具有景面的感觉时，仍可作为岸畔或水中景物的基底，产生倒影，扩大和丰富空间。

2）系带作用

水面具有将不同的园林空间、景点连接起来产生整体感的作用，称为线型系带作用。例如，扬州瘦西湖的带状水面延绵数千米，一直可达平山堂，在现有公园范围内，众多的景点或依水而建，或伸向湖面，或几面环水，整个水面和两侧景点好像一条翡翠项链。

水还具有将不同大小和平面形状的水面统一在一个整体之中的作用。无论是动态还是静态的水，当其经过不同大小和形状的、位置错落的容器时，由于都含有水这一共同的因素，因而形成整体的统一。

3）焦点作用

在设计中，除了处理好水景与环境的尺度和比例关系外，还应考虑它们所处的位置。通常将水景安排在向心空间的焦点上、轴线的焦点上、空间的醒目处或视线容易集中的地方，使其突出并成为焦点。可以作为焦点水景布置的水景设计形式有喷泉、瀑布、水帘、水墙、壁泉等。

1.5.2　水景工程施工

1.5.2.1　湖池表现的基本要求

自然界中有江河、湖泊、瀑布、溪流和涌泉等自然水景。园林水景设计既要师法自然，又要不断创新。通常将水景设计中的水归纳为平静的、流动的、跌落的和喷涌的四种基本形式。

1）静水的类型

静水是现代水景设计中最简单、最常用又最能取得效果的一种水景设计形式。水池设计主要讲究平面形式的变化，或方或圆，或曲折呈自然形等。根据静水的平面变化，一般可分为规则式水池和自然式水池（湖或塘）。

（1）规则式水池　规则式水池的平面可以是各种各样的几何形，又可作立体几何形的设计，如圆形、方形、长方形、多边形或曲线、曲直线结合的几何形组合等（图1.33）。

（2）自然式水池　自然式水池模仿大自然中天然水池。其特点是变化多样，有聚有散，收放开合自如，前后呼应。虽由人工开凿，却宛若自然天成。大型水池水面平远辽阔，舒展胸怀，如图1.34所示，小型水池则亲切宜人，精致优雅。

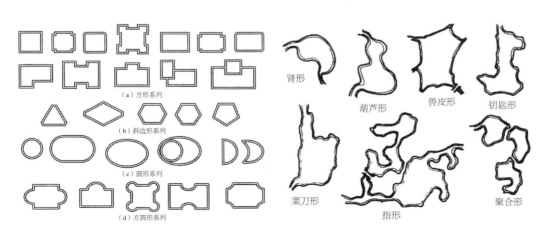

图 1.33　规则式水体的平面形状　　　　图 1.34　自然式水池平面示例

具体自然式水池的理法如下：

①小型水池

形状宜简单，周边宜点缀山石、花木，池中若养鱼植莲更富有情趣。

②较大的水池

应以聚为主，以分为辅，在水池的一角用桥或缩水束腰划出一弯小水面，活泼自然，主次分明。

③狭长的水池

应注意曲线变化和某一段中的大小宽窄变化，处理不好会成为一段河。池中可设桥或汀步，转折处宜设景或置石植树。

④山池

以山石理池。周边置石、缀石应注意不要平均，要有断续和高低，否则易流俗。亦可设岩壁、石矶、断崖、散礁等。水面设计注意要以水面来衬托山势的峥嵘和深邃，使山水相得益彰。

2）静水在造景中的应用原则

（1）规则式水池

在城市造景中主要突出静的主题及旨趣，可就地势低洼处以人工开凿，也可在重要位置作主景挖掘，强调园景色彩。

①特性

规则式水池像人造容器，池缘线条坚硬分明，形状规则，多为几何形。规则式水池能映射天空或地面景物，增加景观层次。

②设置位置

规则式水池是城市环境中运用较多的一种形式，应与周围环境相映衬，多运用于规则式庭园、城市广场及建筑物等的外环境修饰中。水池应设置于建筑物的前方或庭园的中心，作为主要视线上的重要点缀物。

③设计要点

水池应处理好尺寸的大小，形态的方圆、宽窄，巧妙运用周边规则或不规则的景物形成对比，突出景观。例如可以在四周铺设硬质材料，或置于草地之中，地面略向池的一侧倾斜。又或种植植物，水池深度应以 50 ~ 100cm 为宜，满足自然生长需求。一般情况下水面高度相较地面高低均可，但在有霜的地区，池底应在霜作用线以下，水面不可高于地面。

（2）自然式静水（湖、塘）

是一种模仿自然的造景手段，强调水际线的变化，有一种天然野趣的意味，设计上多为自然或半自然式。

①自然式静水的特点与功用

自然式静水是自然或半自然形式的水域，形状呈不规则形，使景观空间产生轻松悠闲的感觉。水际线强调自由曲线式的变化，并可使不同环境区域产生统一连续性（借水连贯），其景观可引导行人经过一连串的空间，充分发挥静水的系带作用。

②自然式静水的设计要点

静水设计应依据具体地形、地貌、资源条件及观赏需求等的不同，在形态、尺度、材料运用与构筑方法上有所差异。设计自然式静水时无论水体或是四周景物配置都应讲求自然和谐，避免僵硬死板。园林湖池的安全水深不大于 0.7m，否则需设置围栏加以保护。为避免水面单调，可打造生态小岛点缀，或栽种植物，或设置亭台假山等。

3）人工湖工程

湖有天然湖和人工湖之分。前者是自然的水域景观，后者则是依地势就低、人工挖掘而成的水域，沿岸因境设景。湖的特点是水面宽阔平静，具有平远开朗之感。湖岸线和周边天际线较好，常在湖中利用人工堆土形成小岛，用来划分水域空间，使水景层次更为丰富。

（1）湖的布置要点　园林中利用湖体来营造水景，应充分体现湖的水光特色。首先，要注意湖岸线的水滨设计，注意湖岸线的"线形艺术"，以自然曲线为主，讲究自然流畅，开合相映。其次，要注意湖体水位设计，选择合适的排水设施。再次，要注意人工湖的基址选择，应选择土质细密、土层厚实之地，不宜选择过于黏稠或渗透性大的土质为湖的基址。如果土层渗透力较大，必须采取工程措施设置防漏层。

（2）人工湖施工要点　①认真分析施工图纸，明确湖体设计要求，并计算出需要填挖的土方量。②详细勘查场地，按要求定点放线，放线可用石灰、黄砂等材料。打好桩后，注意保护好标志桩、基准桩，并预先了解开挖方向及土方堆积方法。③测试基址渗漏情况并制定施工方法及工程措施。④湖体施工时排水尤为重要，可在湖底开挖排水沟。⑤湖底施工的常见做法有灰土层湖底、混凝土湖底和塑料薄膜湖底，防水性能较好的湖底适宜铺灰土层；湖底渗漏情况中等时使用薄膜防水层，但这种做法要求提前做好底层处理；对于较小水面可采用混凝土湖底设计。

4）水池工程

水池在园林中的应用很广泛，可用作广场中心、道路尽端以及和亭、廊、花架等各种建筑小品组合形成富于变化的景观效果。水池平面形状和规模主要取决于园林总体规划以及详细规划中观赏与功能的要求。

（1）水池的形态和分类　按水池的形态，可分为几何式、自然式和混合式。按照池水的深浅分为浅盆式（水深 ≤ 600mm）和深盆式（水深 > 600mm）。依水池的分布形式分类，有错落式、半岛式、复合式、岛式、错位式、池中式、多边组合式、圆形组合式和拼盘式等。按照功能分类，有喷水池、观鱼池、海兽池、水生植物池、假山水池、海浪池、涉水池等。因主要功能的不同，水深、池岸、池壁、池底的处理也各不相同。

（2）水池的构成　在园林中人工水池从结构上可以分为刚性结构水池、柔性结构水池、临时简易水池三种。

（3）水池外观装饰　池底装饰、池壁的装饰、池岸压顶与外沿装饰、池面装饰小品。

（4）水池设计表现　水池设计包括平面设计、立面设计、剖面结构设计、管线设计等。

1.5.2.2　施工技术

1）刚性结构水池施工

刚性结构水池也称钢筋混凝土水池，池底和池壁均配钢筋，寿命长、防漏性好，适用于大部分水池（图 1.35）。

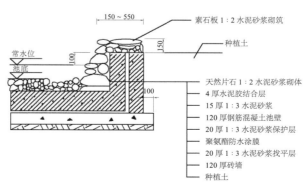

图 1.35　刚性水池结构

钢筋混凝土水池的施工过程：材料准备→池面开挖→池底施工→浇筑混凝土池壁→混凝土抹灰→试水等。以下简要介绍。

（1）施工准备 准备好混凝土配料、添加剂等，做好场地放线。

（2）池基开挖 挖方有人工挖方和人工结合机械挖方，可以根据现场施工条件确定挖方方法。开挖时一定要考虑池底和池壁的厚度。如为下沉式水池，应做好池壁的保护，挖至设计标高后，应将池底平整并夯实，再铺上一层碎石、碎砖作为底座。如果池底设置有沉泥池，应结合池底开挖同时施工。池基挖方会遇到排水问题，施工中常用基坑排水，这是既经济又简易的排水方法。

（3）池底施工 混凝土池底应配置钢筋，池底坡度不小于 0.5%。如水深小于 30m，池底清晰可见，应加装饰性处理；如平面形状较为规则，50m 内可不做伸缩缝；如形状变化大，则在其长度约 20m 处留伸缩缝，可做成台阶形、凹槽形等。

（4）水池池壁施工 用混凝土浇筑池壁的施工技术：在做水泥池壁时，尤其是在做矩形钢筋混凝土池壁时，应先做模板以固定，池壁厚 15～25cm，水泥成分与池底同。目前有无撑支模及有撑支模两种方法。有撑支模为常用的方法。当矩形池壁较厚时，内外模可在绑扎钢筋后一次立好。在浇捣混凝土时操作人员可进入模内振捣，并用串筒将混凝土灌入，分层浇捣。在矩形池壁拆模后，应将外露的止水螺栓头割去。

（5）池壁抹灰施工 抹灰在混凝土结构及砖结构的水池施工中是一道十分重要的工序。它保证墙壁平滑不伤害鱼群，也便于清洁。刚性水池施工要求砖壁砌筑必须做到横圆竖直，灰浆饱满，砂浆配合比要精准称量，搅拌均匀。抹灰时要求将内壁不平处铲平，并用水冲洗干净。挂灰时可在混凝土墙面上刷一遍薄的纯水泥浆，以增加粘接力。在施工时要注意养护，保持湿润。在气温较高或干燥情况下不应过早拆模，以免混凝土收缩产生裂缝。因此，应继续浇水养护，底板、池壁和池壁灌缝的混凝土的养护期应不少于 14d。此外在砖壁与钢筋混凝土地板结合处，要特别注意加强转角圆角，防止渗漏。

（6）压顶施工 在规则水池顶上应以砖、石块、石板、大理石或水泥预制板等作压顶。压顶或与地面齐平，或高出地面。当压顶与地面齐平时，应注意勿使土壤流入池内，可将池周围地面稍向外倾。有时在适当的位置上将顶石部分放宽，以便容纳盆钵或其他摆饰。

（7）试水 此项工作应在水池全部施工完成后进行，其目的是检验结构安全度，检查施工质量。试水时应先封闭管道孔，由池顶放水入池，一般分几次进水，根据具体情况，控制每次进水高度。如无特殊情况，可继续灌水到储水设计标高，同时要做好沉降观察。灌水到设计标高后，停一天，进行外观检查，并做好水面高度标记，连续观察七天，外表面无渗漏及水位无明显降落为合格。

2）柔性结构水池施工

水池若是一味靠加厚混凝土和加粗加密钢筋网只会导致工程造价的增加，尤其对北方水池的冻害渗漏，可用柔性不渗水的材料做水池夹层。目前，在工程实践中使用的有玻璃布沥青席水池、三元乙丙橡胶（EPDM）薄膜水池、再生橡胶薄膜水池、油毛毡防水层（二毡三油）水池等。

（1）玻璃布沥青席水池如图1.36所示。这种水池施工前应先准备好沥青席，方法是以沥青0号：3号=2：1调配好，按调配好的沥青30%、石灰石矿粉70%的配比，且分别加热至100℃，再将矿粉加入沥青锅拌匀，把准备好的玻璃纤维布（孔目8mm×8mm或者10mm×10mm）放入锅内蘸匀后慢慢拉出，确保黏结在布上的沥青层厚度为2～3mm，拉出后立即撒滑石粉，并用机械碾压密实，每块席长40m左右。

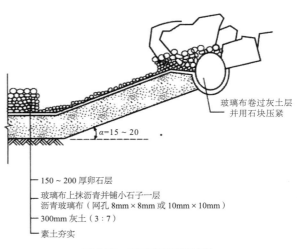

图1.36 玻璃布沥青席水池

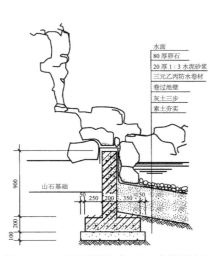

图1.37 三元乙丙橡胶（EPDM）薄膜水池

（2）三元乙丙橡胶（EPDM）薄膜水池如图1.37所示。EPDM薄膜类似于丁基橡胶，是一种黑色柔性橡胶膜，厚度为3～5mm，能经受温度为−40～80℃，扯断强度＞7.35 N/mm²，使用寿命可达50年，施工方便，自重轻，不漏水，特别适用于大型展览用临时水池和屋顶花园用水池。

（3）常见水池结构如图 1.38 ～图 1.41 所示。

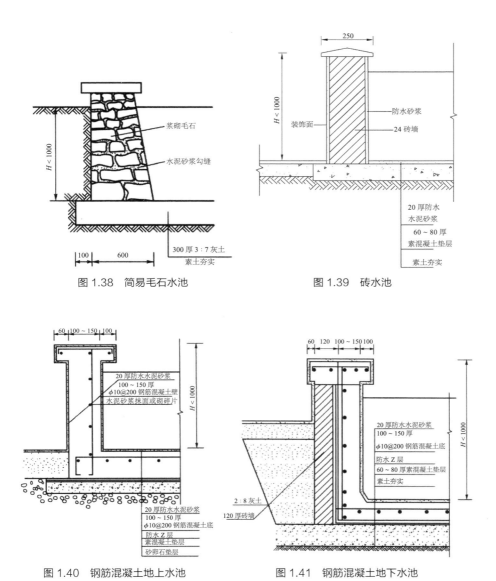

图 1.38　简易毛石水池　　　　　　　图 1.39　砖水池

图 1.40　钢筋混凝土地上水池　　　　图 1.41　钢筋混凝土地下水池

（4）特殊水池施工

①临时性水池

要求结构简单，安装方便，使用完毕能随时拆除，在可能的情况下能重复利用。设置一个使用时间相对较长的临时性水池，可以用挖水池基坑的方法，在临时水池内根据设计安装小型的喷泉与灯光设备。

②预制模水池

预制模水池是国外较为常用的一种小型水池制造方法，通常用高强度塑料制成，易于安装。专业安装预制模水池首先要使预制模边缘高出周围地面2.5～5.0cm，以免地表径流流进池塘污染池水或造成池水外溢；挖好的池底和地台表面都要铺上一层5cm厚的黄砂。如果池沿基础较为牢固，可用一层碎石或石板来加固。将预制模放入挖好的池中，测量池沿的水平面，同时往池中注入2.5～5.0cm高的水。注水时慢慢地沿池边填入砂子，使回填砂与池水基本处于同一水平。当回填砂达到挖好的池沿，预制模边也处于水平时，便可以加固池边。加固池边材料可以是现浇混凝土、加水泥的土或一层碎石。

③水生植物池与养鱼池

这类水池的构筑可参见水池和湖泊的构筑方法，其关键在于对水质的控制和调节。清洁的水体与充足的氧气是动植物生存的必要条件。养鱼池一般深30～60cm。水生植物池则控制在1.5m以内，依据植物生态习性选择适宜深度。

④规则式的水生植物池

用砖砌成或用钢筋混凝土做成池壁和池底，种植水生植物（图1.42）。

⑤自然式的水生植物池

即不砌筑池壁和池底，就地挖土而成的池塘（图1.43）。

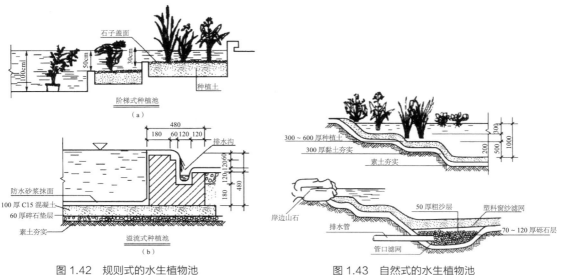

图 1.42　规则式的水生植物池　　　　　图 1.43　自然式的水生植物池

2 无障碍设计技术 基础知识

第 2 章　无障碍设计技术基础知识

加强无障碍环境建设能推动残障人群积极参与社会生活,也是方便老年人、妇女儿童和其他社会人员生活的重要措施。本章主要讲述无障碍设计的概念及相关规范,目的是掌握环境设计中的无障碍设计方法和无障碍设计的具体要求以及细部构造技术。

2.1　无障碍设计概述

2.1.1　无障碍设计基本概念

无障碍设计强调一切有关人们衣食住行的产品、公共建筑设施,都必须充分考虑具有不同程度生理伤残缺陷者和正常活动能力衰退者(如残障人士、老年人)的使用需求,给人们营造一个方便、安全、舒适、人性化的生活环境。

无障碍设计的理想目标是"无障碍",主要包括两个方面,分别是物质无障碍和信息与交流无障碍。无障碍设计的基本思想是致力于对人类行为、意识与动作反应的细致研究,将一切为人所用的物与环境的设计进行优化,在使用操作界面上清除那些在信息、移动和操作上对使用者存在障碍的环境,强调残障人士在社会生活中同健全人平等参与的重要性,为使用者提供最大可能的便利。

2.1.2　无障碍设计的历史背景

20 世纪初期,建筑学界产生了一种新的建筑设计方法——无障碍设计。它运用现代技术建设和改造环境,为残障人士提供行动方便和安全空间,创造一个"平等参与"的环境。国际上对于物质环境无障碍的研究可以追溯到 20 世纪 30 年代初,当时在瑞典、丹麦等国家就建有专供残障人士使用的设施。

1961 年,美国制定了世界上第一个《无障碍标准》。此后,英国、加拿大、日本等几十个国家和地区相继制定了法规。我国最早提出无障碍设施建设是在

1985 年 3 月，当时中国残疾人福利基金会、北京市残疾人协会、北京市建筑设计院联合在北京召开了残疾人与社会环境讨论会，发出了"为残疾人创造便利生活环境"的倡议，同年，部分人大代表、政协委员提出了"为残疾人需求的特殊设置建设"的提案和建议。1986 年，我国第一部《方便残疾人使用的城市道路和建筑物设计规范（试行）》编制完成，1989 年开始实施。2001 年，重新修订了《城市道路和建筑物无障碍设计规范》，将其中 24 条内容列为强制性实施条文，包括修建城市盲道、建筑物进出坡道，以及各类无障碍设施（入口、楼梯、电梯、电话、洗手间、扶手、轮椅位、客房、标志）等。

经过多年努力，中国无障碍环境建设取得了巨大进展，但与发达国家相比仍存在一定差距。为进一步推进我国无障碍设施建设，2002 年 10 月，建设部、民政部、中国残联、全国老龄委联合召开工作会议，提出全国无障碍设施示范城建设，首批示范城市包括北京、厦门、广州、西安、上海、大连、青岛、南京等十二个城市，这是推进无障碍环境建设的一项重要举措。

2.1.3　无障碍设计内容、对象及特征

2.1.3.1　设计内容及范围

通常的无障碍设计包括日常使用的无障碍产品设计（轮椅、扶手等）和生活空间的无障碍环境设计。无障碍设计分为四个层面，分别是物理的无障碍、信息的无障碍、制度的无障碍和心理的无障碍。其中，物理的无障碍是指城市环境、建筑空间、设备设施、信息交流的无障碍四个方面，信息的无障碍则包括公共媒体应当使听力、言语和视力残疾都能够无障碍地获取信息，与他人和外界交流。

无障碍设计具体的实施范围与内容如表 2.1 所示。

无障碍设计实施的范围与内容　　　　　　　　　　　　　　表 2.1

类型	实施范围	设施区域	设施内容
城市道路	城市各级道路；城镇主要道路；步行街；旅游景点；城市景观带的周边道路	人行道	缘石坡道；盲道；轮椅坡道
		人行道服务设施	触摸音响一体化；屏幕手语、字幕；低位服务；轮椅停留空间
		人行横道	过街音响提示
		人行天桥及地道	提示盲道；无障碍电梯；扶手；安全阻挡（防护设施）；盲文铭牌
		公交车站	提示盲道；盲文站牌；语音提示

类型	实施范围	设施区域	设施内容
城市广场	公共活动广场；交通集散广场	公共停车场	无障碍停车位
		广场地面	提示盲道；轮椅坡道；无障碍电梯或升降平台
		服务设施	低位服务、无障碍厕所、无障碍标识
城市绿地	城市中的各类公园（包括街旁绿地）；附属绿地中的开放式绿地；对公众开放的其他绿地	公园绿地、园路	无障碍停车位；低位售票口；提示盲道；无障碍出入口；轮椅坡道；护栏；轮椅席位；无障碍厕所；低位服务设施；无障碍标识
		专类公园	盲人植物区语音服务、盲文铭牌；低位观赏窗口
居住区、居住建筑	道路；居住绿地；配套公共设施；居住性绿地	居住区各级道路人行道	同"城市道路"规定
		绿地出入口、游步道、休憩设施、儿童游乐场、休闲广场、健身运动场、公共厕所等	提示盲道；轮椅坡道、轮椅席位；低位服务设施；无障碍标识
		公共设施、住宅及公寓、宿舍等	无障碍出入口；无障碍电梯；无障碍停车位；无障碍住房（宿舍）；无障碍厕所
公共建筑	办公、科研、司法建筑；教育建筑；医疗康复建筑；福利及特殊服务建筑；体育建筑；文化建筑；商业服务建筑；汽车客运站；公共停车场（库）；汽车加油加气站；高速公路服务区；城市公共厕所	建筑出入口、集散厅堂（休息厅）、走道、楼梯、公共厕所、会议报告厅、教学用房等公共空间	无障碍出入口；轮椅坡道；轮椅停留空间；无障碍通道；无障碍楼梯、电梯；轮椅席位；无障碍厕所；轮椅回转空间；扶手；低位服务设施；无障碍停车位；无障碍标识
		医院挂号、收费、取药处等	文字显示器、语言广播装置、低位服务台
		福利、特殊服务居室等	语音提示装置
		图书馆、文化馆、展览馆等	低位目录检索台；提示盲道；语音导览机、助听器；盲人阅览室
		旅馆、宾馆、饭店等	无障碍客房；导盲犬休息空间
历史文物保护建筑	开放参观的历史名园、古建博物馆、近现代重要史迹、复建古建筑；使用中的庙宇及纪念性建筑	出入口	无障碍出入口；可拆卸坡道、升降平台
		院落	轮椅坡道；可拆卸坡道、升降平台；轮椅停留空间
		服务设施	无障碍出入口；无障碍厕所；低位服务设施；低位柜台；轮椅席位；无障碍停车位

2.1.3.2　设计对象及特征

人的一生中，不同的年龄阶段都可能会遇到各种各样的障碍，都可能造成行为和行动中的一些不便，都需要获得帮助。无障碍设计以残障人士和老年人等长期行动困难者为主要服务对象。

1）残障人士

不同国家的残障人士分类标准和依据有所不同。1995 年中国残疾人联合会制定下发的《中国残疾人实用评定标准（试用）》，将残疾人分为六类：视力残疾、听力残疾、言语残疾、智力残疾、肢体残疾、精神残疾。

2）老年人

对于老年人的界定，不同的国家划分标准有所差异。我国将年龄超过 60 周岁的公民称为老年人。老年人的特点：身体机能降低，逐步出现各种综合性的障碍；运动机能上，腿脚不便，容易发生各种摔倒；感觉机能上，各种感觉器官衰退，造成各种障碍或伤害，影响与人交流；心理机能上，记忆力和判断力降低，会影响到自我认知和对社会的认知，导致安全感下降。

3）其他短期障碍者

主要包括婴幼儿、孕产妇及短时间受伤或生病的健全人。如婴幼儿的特点：好奇心强，探索意识强，缺少危险意识、无法理解和使用一些常见的用品，容易造成各种伤害。孕产妇的特点：腹部不便，行动小心，虚弱无力等。

2.1.4　无障碍设计基本原则

景观园林的建造为人们接近自然、融入自然提供了机会，各类植物的合理配置也为人们欣赏"绿色"艺术创造了条件。随着科学技术的加速发展和生活水平的日益提高，残障人士也迫切希望走出居所、走进城市空间，和健全人一样拥抱自然、拥抱生活，因而景观园林的无障碍设计势必成为城市环境建设的课题之一。设计者和建设者在景观规划设计中应充分考虑弱势群体的特殊需要，将无障碍的理念贯穿于景观园林规划建设的每一个环节。无障碍景观空间的设计应遵循以下原则：

1）安全性

景观环境设计中应消除一切障碍物和危险物。作为景观空间规划设计者，必须真正建立以少数人为本的思想，以健全人的动作行为作参考的同时，注重肢体残疾者和视力残疾者的特点及尺度，创造适宜的景观广场和园林空间，以提高他们走进自然、参与自然环境的能力。此外，植物的选择要避免种植带刺植物，以免造成不必要的伤害。应选用一些易于管理的树木，以无毒、无刺激、有特色的优良品种作为园林的主要树种。

2）易识别性

主要指景观环境的标识和提示信息。残障人士和老年人由于身体机能不健全或衰退，缺乏合理的标识设置往往会给他们带来方位判别、预感危险上的困难，随之带来行为上的障碍和心理上的不安全感。为此，设计上要综合运用视觉、听觉、触觉的感受方式，给予他们重复的提示和告知，通过划分空间层次和个性创造，以合理的空间序列、形象的特征塑造、鲜明的标识指示以及悦耳的音响提示等，来提高园林景观空间的导向性和识别性。

3）便捷性和舒适性

要求环境场所及其设施具有易用性，避免虽有无障碍设施但却极其费力的情形，从规划上确保残障人士和老年人从入口到各景观空间有一条方便、舒适的无障碍通道及必要设施，保障他们能够舒适、悠闲、便捷地游览、欣赏园林景观，得到心理上的满足。

4）生态和健康

由于园林植物能释放大量氧离子，能净化空气、调节气温、吸尘防噪，利于身心健康，因此园林的设计应尽可能以绿为主，坚持植物造景的原则，除了必要的园林建筑、小品、道路外，其余尽量采用绿化，减少硬质铺装，广场的设计也应尽可能地增加有效绿化面积，充分利用垂直绿化扩大绿色空间、改善生态环境、丰富园林景观。

5）可交往性

可交往性主要强调景观环境中应重视交往空间的营造及配套设施的设置，使残障人士和老年人愿意走出室外，接近自然环境，融入其中。因此，在具体的规划设计上，应根据残障人士的心理和生理特点，多创造一些便于交往的围合空间、休憩空间等，便于他们相聚、聊天、娱乐和健身等，尽可能满足残障人士的空间环境要求和偏好。如当前比较热门的"康复景观"，其观点之一就是提倡残障人士在景观中参与栽培、社交活动。

2.2 无障碍设计在环境设计中的应用

2.2.1 城市道路无障碍设计

2.2.1.1 城市道路无障碍设计范围

1）城市道路无障碍设计的范围应包括：城市各级道路；城镇主要道路；步

行街；旅游景点、城市景观带的周边道路。

2）城市道路、桥梁、隧道、立体交叉人行系统均应进行无障碍设计，无障碍设施应沿行人通行路径布置。

3）人行系统中的无障碍设计主要包括人行道、人行横道、人行天桥及地道、公交车站。

2.2.1.2　城市道路无障碍设施设计内容

为方便残障人士使用和通行的城市道路设施的设计内容如表 2.2 所示。

城市道路设施的设计内容　　　　　　　　　　　　　表 2.2

道路设施类别		设计内容	基本要求
非机动车车行道		通行纵坡、宽度	方便使用手摇三轮车通行
人行道		通行纵坡宽度，缘石坡道，立缘石触感块材，限制悬挂物、突出物	方便使用手摇三轮车、轮椅者以及挂拐杖者及视觉障碍人士通行
人行天桥和人行地道	坡道式	纵断面、扶手、地面防滑、触感材料	方便挂拐杖者、视觉障碍人士通行
	梯道式		
公园、广场、游览地		在规划的活动范围内，解决方便使用问题，同非机动车道和人行道	方便乘轮椅者、视觉障碍人士通行
主要商业区及人流极为稠密的道路交叉口		音响交通信号装置	方便视觉障碍人士通行

方便残障人士使用和通行的道路设施主要考虑以手摇三轮车为主要出行工具人员的需求，并考虑乘轮椅者、挂拐杖者、视力残疾者的不同要求。

2.2.1.3　实施部位及设计要求

1）非机动车行车道

非机动车车行道的宽度不得小于 2.50m。非机动车行驶的道路、桥梁和立体交叉的纵断面设计应符合表 2.3、表 2.4 所示。

非机动车行车道最大坡度　　　　　　　　　　表 2.3

条件	最大坡度 /%
平原、微丘地形的道路	2.5
地形复杂的路段，桥梁、立体交叉桥	3.5

纵坡坡长限制   表 2.4

坡度 /%	限制的纵坡长度 /m
2.5	不限制
2.5	250
3.0	150
3.5	100

2）人行道

（1）缘石坡道：各类路口及出入口处的人行道必须设置缘石坡道；人行横道两侧必须设置缘石坡道；

（2）盲道：城市主要商区、街道、人口密集处的人行道应设置盲道；视力障碍者集中区周边道路应设置盲道；坡道上下边缘处应设置提示盲道；盲道的起点、终点及拐弯处应设置提示盲道；道路周边环境，如建筑、场所空间等，其出入口盲道应与道路盲道相衔接；

（3）轮椅坡道：人行道踏道处应设置轮椅坡道；轮椅坡道的设置应避免打扰行人通行及其他设施的使用；

（4）服务设施：人行道服务设施宜为视力障碍者提供盲文触摸、音响提示一体化的信息服务设施；宜为听力障碍者提供手语屏幕和字幕服务；宜为轮椅使用者提供低位服务台；座椅旁宜设置轮椅停留空间。

3）人行横道

（1）人行横道宽度应满足轮椅通行需求；

（2）人行横道安全岛的形式应方便乘轮椅者使用；

（3）城市中心区及视觉障碍者集中区域的人行横道，应配置过街音响提示装置。

4）人行天桥和人行地道

（1）梯道：人行天桥和人行地道的梯道应符合下列规定：

① 踏步高度不得大于 150mm，踏步宽度不得小于 300mm。② 每个梯段的踏步不得超过 18 级。③ 提升段之间应设宽度不小于 1500mm 的平台，梯道段改变方向时，平台净宽不应小于梯道净宽。④坡度净宽度不小于 2000mm。⑤梯道踏步或坡道设计时，中间平台深度不应小于 2000mm，在梯道中间部位应设自行车坡道。⑥人行天桥和人行地道梯道的两端，应在距踏步 300mm 或一块步道方砖长度处设置停步块材，铺装宽度不小于 600mm，中间平台应在

两端各铺一条停步块材，其位置距平台端 300mm，铺装宽度不小于 300mm，如图 2.1 所示。人行天桥和人行地道的梯道踏步或坡道表面应采取防滑措施。

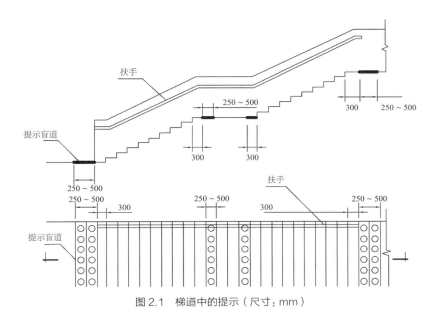

图 2.1 梯道中的提示（尺寸：mm）

（2）坡度：人行天桥和人行地道的坡度应符合下列规定：

①坡度不得大于 1∶12；有特殊困难时不宜大于 1∶10；②坡道每升高 1500mm 或转弯处，应设长度不小于 2000mm 的中间平台。

（3）净高：人行天桥和人行地道的净高均不得低于 2200mm。

（4）扶手：人行天桥的梯道和坡道下部净高小于 2200mm 的范围，应采取防护措施。人行地道的坡度和楼梯入口两侧的护墙低于 850mm 时，在墙顶应安装护栏或扶手。楼梯设高扶手和设低扶手的具体要求如下：

①无障碍单层扶手高应为 850～900mm；设上、下两层扶手时，上层扶手高度应为 850～900mm，下层扶手高度应为 650～700mm；② 扶手应保持连贯，在起点和终点应延伸 300mm，扶手末端应向内拐到墙面，或向下延伸 100mm；③扶手截面直径尺寸宜为 35～45mm，扶手托架的高度，扶手与墙面的距离宜为 45～50mm；④ 在扶手起点水平段应安装盲文标志牌；⑤ 扶手下方为落空栏杆时，应设高度不小于 100mm 的安全挡台。

（5）防护设施：人行天桥桥下的三角区净空高度小于 2200mm 时应安装防护设施，并应在防护设施外设置提示盲道。

5）公交车站

公交车是城市重要交通工具，公交站也应满足残障人士出行的要求。公交车站的无障碍设计要点如下：

（1）公交站台有效通行宽度不应小于1500mm；在车道之间的分隔带设公交车站时，站台应方便乘轮椅者使用。

（2）城市主要道路和居住区的公交车站，应设提示盲道，如图2.2、图2.3所示。提示盲道距路缘石应为250～500mm，其长度应与公交车站的长度相对应；人行道中有行进盲道时应与公交车站的提示盲道相连接。

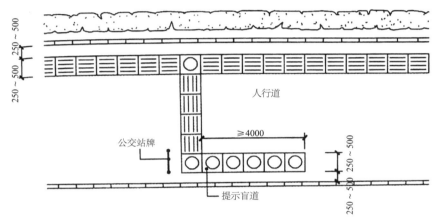

图2.2 公交车站与盲道（单位：mm）

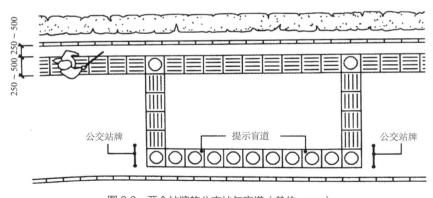

图2.3 两个站牌的公交站与盲道（单位：mm）

（3）宜设盲文站牌或语音提示服务设施，其位置、高度、形式与内容应方便视觉障碍人士使用。

（4）公共汽车站应设置顶棚和长椅。

2.2.2　城市广场无障碍设计

2.2.2.1　城市广场无障碍设计的范围

城市广场的无障碍设计范围根据《城市道路工程设计规范》CJJ 37—2012（2016 年版）中城市广场篇的内容，分成公共活动广场和交通集散广场两大类。

城市广场和绿地是城市重要的外部公共空间，主要供居民集散、聚会、休闲、娱乐等，因此有必要进行无障碍设计以满足不同人群使用，其范围应包括公共活动广场、交通集散广场、纪念性广场、商业广场、城市中的各类公园（包括综合公园、社区公园、专类公园、带状公园、街旁绿地等）以及附属绿地中的开放式绿地、对公众开放的其他绿地。

2.2.2.2　实施部位及设计要求

1）城市广场的公共停车场的停车数在 50 辆以下时应设置不少于 1 个无障碍机动车停车位，100 辆以下时应设置不少于 2 个无障碍机动车停车位，100 辆以上时应设置不少于总停车数 2% 的无障碍机动车停车位。

2）城市广场的地面应平整、防滑、不积水。

3）城市广场盲道的设置应符合下列规定：

（1）设有台阶或坡道时，距每段台阶与坡道的起点与终点 250～500mm 处应设提示盲道，其长度应与台阶、坡道相对应，宽度应为 250～500mm；

（2）人行道中有行进盲道时，应与提示盲道相连接。

4）城市广场的地面有高差时，坡道与无障碍电梯的选择应符合下列规定：

（1）设置台阶的同时应设置轮椅坡道；

（2）当设置轮椅坡道有困难时，可设置无障碍电梯。

5）城市广场内的服务设施应同时设置低位服务设施。

6）男、女公共厕所均应满足规范有关规定。

7）城市广场的无障碍设施的位置应设置无障碍标志，无障碍标志应符合规范有关规定，带指示方向的无障碍设施标志牌应与无障碍设施标志牌形成引导系统，保证通行的连续性。

2.2.2.3　无障碍设计在城市广场中的应用

城市广场是人们休闲、娱乐的场所，为了使行动不便的人能与其他人一样平等地享有出行和休闲的权利，平等地参与社会活动，应对城市广场的各个方面进行无障碍设计。以大连恒隆广场为案例：

1）盲道与缘石坡道

大连恒隆广场设置了长 1100m 余、宽 0.6m 的连续盲道，且去除了阻碍盲道的障碍物和危险品，路径清晰、安全耐用、防滑防腐，并在起点、终点、转弯处、机动车道处均设置了提示盲道。此外，在人行道及人行道口设置缘石坡道，宽度大于 2mm，与通行盲道结合使用，其衔接处高度变化小于 10mm，如图 2.4、图 2.5 所示。这样既方便视觉障碍人士使用，也利于婴儿车、轮椅、拉车、行李箱等通过，使残障人士、乘轮椅者、推婴儿车的行人等均能够无障碍地通行、休闲、购物。

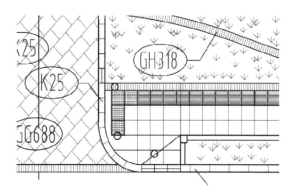

图 2.4　恒隆广场南广场平面铺装施工图

图 2.5　恒隆广场南广场盲道缘石坡道

2）无障碍出入口

出入口是连接商场内外的一个重要窗口，是进出购物中心的最主要通道，也是水平交通中最重要的枢纽。购物中心为了防水，往往需要在出入口处设置台阶，保证室内高于室外，防止室外雨水流向室内。而这些台阶可能阻碍轮椅以及使用儿童车人员通行，需要设置无障碍坡道。如图 2.6 所示，大连恒隆广场的 4 个主要出入口，全部为无障碍设计，在商场的内外都实现了零高差。在室外有一个很小的坡度进行排水组织，且在出入口处设置了多道暗式排水沟，这样就不用设置台阶和无障碍坡道，既能防止雨水进入室内，又能使行动不便的人群方便安全地进入购物中心。无障碍出入口与普通出入口结合，更能体现对残障人士的关怀。

3）无障碍卫生间

大连恒隆广场在各个楼层共设有 22 个无障碍卫生间，方便不同人群使用；无障碍卫生间全部设置在男女

图 2.6　恒隆广场北入口处照片

图 2.7　恒隆广场无障碍卫生间

图 2.8　恒隆广场儿童卫生间

图 2.9　恒隆广场亲子卫生间

卫生间外，方便使用，里面宽敞明亮，配备了防滑地砖、坐便池、无障碍扶手、洗手盆等，如图 2.7 所示。大连恒隆广场在各个楼层设置了 15 个母婴室，并设置了 30 个儿童卫生间（如图 2.8 所示）及亲子卫生间（如图 2.9 所示），这里空间宽敞，灯光明亮，地面干净整洁，小便器很低，坐便器尺寸很小，高度小，洗手盆也很低，供应的是温水，满足全部购物人群的各种体验需求。

4）无障碍标识

　大连恒隆广场的标识除了正常指引信息之外，在指示无障碍卫生间、母婴卫生间以及无障碍电梯方面共设置三级标识导视，在商场的任何位置都能抬头见到吊挂在顶棚上的标识（如图 2.10、图 2.11 所示）。

5）租赁轮椅及残障人士机动车停车位

　恒隆广场不仅提供餐饮、购物、休闲等体验，还提供轮椅租赁、无障碍停车位等一系列的无障碍设施，其数量之多，品质之完整，完全可以满足残障人士的出行需要，如图 2.12、图 2.13 所示。

图 2.10　恒隆 B1 层第一级标识导视（悬挂在顶棚上）

图 2.11　恒隆广场 B1 层第二级标识导视（悬挂于墙上）

图 2.12　恒隆广场 L1 北服务台位置的租赁轮椅

图 2.13　B2 层残疾人机动车停车位

2.2.3　城市绿地无障碍设计

在高速城市化的建设背景下，城市绿地与人们日常生活的关系日益紧密，是现代城市生活中人们亲近自然、放松身心、休闲健身使用频率最高的公共场所。随着日常使用频率的加大，使用对象的增多，城市绿地的无障碍建设显得尤为突出，也成为创建舒适、宜居现代城市必要的基础设施条件之一。

依据现行行业标准《城市绿地分类标准》CJJ/T 85—2017，城市绿地分为城市公园绿地（分为综合公园、社区公园、专类公园和游园）、生产绿地、防护绿地、附属绿地（包括居住用地、公共管理与公共服务设施用地、工业用地、物流仓储用地、道路与交通设施用地等用地中的绿地）、其他绿地（包括风景名胜区、郊野公园、风景林地、野生动植物园、自然保护区、城市绿化隔离带、垃圾填埋场恢复绿地等）共五类。其中，城市公园绿地、附属绿地以及其他绿地中对公众开放的部分，其建设的宗旨是为人们提供方便、安全、舒适和优美生活环境，满足各类人群参观、游览、休闲的需要。因此城市绿地的无障碍设施建设是非常重要的，城市绿地的无障碍设施建设应该针对上述范围实施。

2.2.3.1　公园绿地停车场设计

公园绿地停车场的总停车数在 50 辆以下时应设置不少于 1 个无障碍机动车停车位，100 辆以下时应设置不少于 2 个无障碍机动车停车位，100 辆以上时应设置不少于总停车数 2% 的无障碍机动车停车位。

2.2.3.2　售票处的无障碍设计

1）主要出入口的售票处应设置低位售票窗口；

2）低位售票窗口前地面有高差时，应设轮椅坡道以及不小于 1500mm×1500mm 的平台；

3）售票窗口前应设提示盲道，距售票处外墙应为 250～500mm。

2.2.3.3　出入口的无障碍设计

1）主要出入口应设置为无障碍出入口，设有自动检票设备的出入口，也应设置专供乘轮椅者使用的检票口；

2）出入口、检票口的无障碍通道宽度不应小于 1200mm；

3）出入口设置车挡时，车挡间距不应小于 900mm。

2.2.3.4　无障碍游览路线

1）无障碍游览主园路应结合公园绿地的主路设置，应能到达部分主要景区和景点，并宜形成环路，纵坡宜小于 5%，山地公园绿地的无障碍游览主园路纵坡应小于 8%；无障碍游览主园路不宜设置台阶、梯道，必须设置时应同时设置轮椅坡道。

2）无障碍游览支园路应能连接主要景点，并和无障碍游览主园路相连，形成环路；小路可到达景点局部，不能形成环路时，应便于折返，无障碍游览支园路和小路的纵坡应小于 8%；坡度超过 8% 时，路面应做防滑处理，并适宜轮椅通行。

3）园路坡度大于 8% 时，宜每隔 10m 至 20m 在路旁设置休息平台。

4）紧邻湖岸的无障碍游览园路应设置护栏，高度不低于 900mm。

5）在地形险要的地段应设置安全防护设施和安全警示线。

6）路面应平整、防滑、不松动，园路上的窨井盖板应与路面平齐，排水沟的滤水算子孔的宽度不应大于 15mm。

2.2.3.5　休憩区的无障碍设计

1）主要出入口或无障碍游览园路沿线应设置一定面积的无障碍游览区；

2）无障碍游览区应方便轮椅通行，有高差时应设置轮椅坡道，地面应平整、防滑、不松动；

3）无障碍游览区的广场树池宜高出广场地面，与广场地面相平的树池应加箅子。

2.2.3.6　常规设施的无障碍设计

1）在主要出入口、主要景点和景区，无障碍游览区内的游览设施、服务设施、公共设施、管理设施应为无障碍设施；

2）游览设施的无障碍设计应符合下列规定：

（1）在没有特殊景观要求的前提下，应设为无障碍游览设施；

（2）单体建筑和组合建筑包括亭、廊、榭、花架等，若有台明和台阶时，台明不宜过高，入口应设置坡道，建筑室内应满足无障碍通行要求；

（3）建筑院落的出入口以及院内广场、通道有高差时，应设置轮椅坡道；有三个以上出入口时，至少应设两个无障碍出入口，建筑院落的内廊或通道的宽度不应小于1200mm；

（4）码头与无障碍园路和广场衔接处有高差时应设置轮椅坡道；

（5）无障碍游览路线上的桥应为平桥或坡度在8%以下的小拱桥，宽度不应小于1200mm，桥面应防滑，两侧应设栏杆。桥面与园路、广场衔接有高差时应设轮椅坡道。

3）服务设施的无障碍设计应符合下列规定：

（1）小卖店等的售货窗口应设置低位窗口；

（2）茶座、咖啡厅、餐厅、摄影部等出入口应为无障碍出入口，应提供一定数量的轮椅席位；

（3）服务台、业务台、咨询台、售货柜台等应设有低位服务设施。

2.2.3.7　标识与信息设计

1）主要出入口、无障碍通道、停车位、建筑出入口、公共厕所等无障碍设施的位置应设置无障碍标志，并应形成完整的无障碍标识系统，清楚地指明无障碍设施的走向及位置，无障碍标志应符合规范有关规定；

2）应设置系统的指路牌、定位导览图、景区景点和园中园说明牌；

3）出入口应设置无障碍设施位置图、无障碍游览图；

4）危险地段应设置必要的警示、提示标志及安全警示钱。

2.2.3.8　不同类别的公园绿地的特殊要求

1）大型植物园宜设置盲人植物区域或者植物角，并提供语音服务、盲文铭牌等供视觉障碍者使用的设施；

2）绿地内展览区、展示区、动物园的动物展示区应设置便于乘轮椅者参观的窗口或位置。

2.2.4　建筑物无障碍设计

现在人们使用的建筑主要分为两种类型，即公共建筑和居住建筑。公共建筑是城市建设的主要组成部分，其功能不仅要满足人们的物质需要，而且还要满足人们的精神需求。如何应用工程技术和艺术，利用现代科学条件和多学科的协作，创造适宜的无障碍空间环境，更好地满足人们的生产和生存需要是设计者和建设者的最基本任务。一个建筑单体或建筑群乃至整个城市，建立起全方位的无障碍环境，不仅是满足残障人士、老年人的要求和有益全社会的举措，也是一个城市及社会文明进步的展示。

居住建筑是人们经常活动的主要场所。中高层住宅、公寓的住户较多，建筑入口比较集中，而许多设计将入口做成了多级台阶，常常又不设扶手，不仅阻碍了残障人士的通行，对老年人、妇女、幼儿及携带重物者的通行也带来了困难和危险，因此这部分的无障碍设计显得格外重要。

在考虑上述两部分建筑物无障碍设计时，必须参照《城市道路和建筑物无障碍设计规范》GB 50763—2012 中的相关规定。

2.2.4.1　公共建筑中的无障碍设计

方便残障人士使用的公共建筑物设计内容应符合表 2.5 的规定。

公共建筑物设计内容　　　　　　　　　表 2.5

建筑类型	执行规定范围	基本要求
文化、娱乐、体育建筑（图书馆、美术馆、博物馆、文化馆、影剧院、游乐场、体育场馆等）	公共活动区	残障人士可使用相应设施；主要阅览室、观众厅等应设残障人士席位；根据需要为残障人士参加演出或比赛设置相应的设施
商业服务建筑（大型商场、百货公司、零售网点、餐饮、邮电、银行等）	营业区	残障人士可使用相应设施；大型商业服务楼应设可供残障人士使用的电梯；中小型商业服务楼出入口应设有坡道

建筑类型	执行规定范围	基本要求
宿舍及旅馆建筑	公共活动区及部分客房层	残障人士可使用相应设施；宿舍及旅馆根据需要设残障人士床位
医疗建筑（医院、疗养院、门诊所、保健及康复机构）	病患者使用的区域	残障人士可使用相应设施
交通建筑（汽车站、火车站、地铁站、航空港、轮船客运站等）	旅客使用的范围	残障人士可使用相应设施；提供方便残障人士通行的路线

注：残障人士可使用相应设施，指各类建筑中为方便公众而建设的通路、坡道、入口、楼梯、电梯、座席、电话、饮水、卫生间、浴室等设施。具体实施内容可根据实际使用需要确定。

1）出入口及坡道

公共建筑的主要入口和接待服务入口、门厅、大堂、前厅和休息厅等部位应设无障碍入口，方便乘轮椅者进入。具体来说有以下几点：

（1）无障碍入口即入口处设有坡道，坡道的坡度为 1：12；

（2）坡道的净宽度为 1200mm（挡台内侧边缘距离）；

（3）坡道两侧应设扶手；

（4）坡道的坡面应平整，不应光滑（不应设防滑条和磴礤式坡面）。

2）无障碍电梯

公共建筑中供垂直、上下的主要电梯应设无障碍电梯。要求具体有以下几点：

（1）电梯厅的宽度不宜小于 1800mm；

（2）电梯厅的按钮高度为 900～1100mm；

（3）电梯厅应设电梯运行显示和抵达音响，轿厢在上下运行中与到达时应有清晰显示和语音报层；

（4）电梯应设无障碍标志牌；

（5）电梯轿厢侧壁上设高 900～1100mm 带盲文的选择按钮；

（6）在轿厢侧面或三面壁上设高 800～850mm 的扶手；

（7）在轿厢正面壁上距地 900mm 至顶部应安装镜子。

3）走道及门窗

（1）大型公共建筑供轮椅通行的走道宽度不应小于 1800mm，中型公共建筑走道宽度不应小于 1500mm，小型公共建筑不应小于 1200mm；

（2）走道的地面应平整、不光滑，走道地面有高差时设坡道和扶手，宜提供休息座椅和可以放置轮椅的无障碍休息区；

（3）向走道开启的门扇应不影响走道的安全通行；

（4）行动不方便者所使用的推拉门、平开门的门把手一侧，应有宽度不小于 500mm 的墙面，平开门应设横执把手和关门拉手；

（5）建筑入口及公共建筑通道的门扇应设视线观察玻璃，利于观察内外环境，确保安全。

2.2.4.2　居住建筑中的无障碍设计

居住建筑无障碍设计的贯彻实施，反映了整体居民生活质量的提高。设计范围涵盖住宅、商住楼、公寓和宿舍等多户居住的建筑。在独栋、双拼和联排别墅中作为首层单户进出的居住建筑，可根据需要选择使用。

居住建筑出入口的无障碍坡道，不仅能满足行为障碍者的使用，推婴儿车、搬运行李的正常人也能从中得到方便，使用率很高。入口平台、公共走道和设置无障碍电梯的候梯厅的深度，都要满足轮椅的通行要求。通廊式居住建筑因连通户门间的走廊很长，首层会设置多个出入口，在条件许可的情况下，尽可能多地设置无障碍出入口，以满足使用人群出行的方便，减少绕行路线。在设有电梯的居住建筑中，单元式居住建筑至少设置一部无障碍电梯；通廊式居住建筑在解决无障碍通道的情况下，可以有选择地设置一部或多部无障碍电梯。

方便残障人士使用的居住建筑物设计内容应符合表 2.6 的规定。

居住建筑物设计内容　　　　　　　　　　表 2.6

建筑类型	执行规定范围	基本要求
高层住宅、高层公寓、中高层住宅、中高层公寓	建筑出入口、出入口平台、公共通道、候梯厅、电梯轿厢、无障碍住房	需设置轮椅坡道、扶手、轮椅回转空间、无障碍电梯、标识牌及其他无障碍设施
多层住宅、多层公寓、低层住宅、低层公寓	建筑出入口、出入口平台、公共通道、楼梯、无障碍住房	需设置轮椅坡道、扶手、轮椅回转空间、无障碍楼梯及其他无障碍设施
职工宿舍、学生宿舍	建筑出入口、出入口平台、公共通道、公共卫生间、公共浴室和盥洗室、无障碍住房	需设置轮椅坡道、扶手、轮椅回转空间、无障碍厕所和浴室、低位服务设施及其他无障碍设施

注：高层、中高层住宅及公寓建筑，每 50 套住房设 2 套无障碍住房套型；多层、低层住宅及公寓建筑，每 100 套住房设 2~4 套无障碍住房套型；宿舍建筑应在首层设男、女性残障人士住房各 1 间。

2.3 无障碍设施的细部设计

2.3.1 缘石坡道

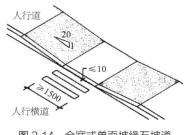

图 2.14 全宽式单面坡缘石坡道
（单位：mm）

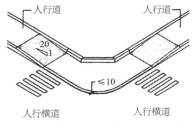

图 2.15 转角全宽式单面坡缘石坡道
（单位：mm）

缘石坡道是最早出现的无障碍设施之一，位于人行道口或人行横道两端，是避免人行道路缘石带来的通行障碍，方便行人、乘轮椅者进入人行道的一种坡道。所有的路口、出入口、人行横道，只要路缘石与道路有 10mm 以上的高差，均应设置缘石坡道。缘石坡道的具体设计要求应符合以下要求：

1）缘石坡道应设在人行道的范围内；人行横道两端有高差需设缘石坡道时，应与人行横道相对应。

2）缘石坡道可分为单面坡缘石坡道、三面坡缘石坡道和其他形式的缘石坡道，宜优先选用全宽式单面坡缘石坡道。

（1）单面缘石坡道设计：可采用方形、长方形或扇形，方形、长方形坡道应与人行道的宽度相对应，如图 2.14、图 2.15 所示。全宽式单面坡缘石坡道坡度不应大于 1 : 20，其他形式的缘石坡道坡度不应大于 1 : 12，如图 2.16、图 2.17 所示。单面坡缘石坡道坡口宽度不应小于 1500mm。

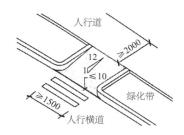
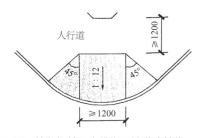

图 2.16 单面坡缘石坡道（单位：mm） 图 2.17 转角处单面直线缘石坡道（单位：mm）

（2）三面坡缘石坡道设计：三面坡缘石坡道的正面坡道宽度不应小于 1200mm，正面及侧面的坡度不应大于 1 : 2，如图 2.18 所示。

3）缘石坡道的坡面应平整，且不应光滑。

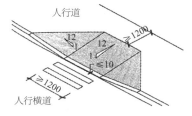

图 2.18 三面坡缘石坡道（单位：mm）

4）缘石坡道下的坡口与车行道之间宜没有高差；若有高差，不得大于10mm。

2.3.2　盲道

盲道按照使用功能可分为行进盲道和提示盲道，其凸起部分应高出路面4mm；盲道应连续设置，将行进盲道与提示盲道结合使用；盲道选线应避开树池、围墙、电线杆、拉线、花台、井盖等障碍物，其他设施不得占用盲道；盲道颜色宜为中黄色，与人行道铺装色彩形成对比，并融于周围环境；盲道材料应防滑、耐损，常见的有混凝土盲道砖、花岗石盲道板等。

1）行进盲道

行进盲道应符合下列规定：

（1）人行道为弧线形路线时，行进盲道宜与人行道的走向一致；

（2）行进盲道的宽度宜为 250～500mm，可根据道路宽度选择低限或高限；

（3）行进盲道宜在距围墙、花台、绿化带 250～500mm 处设置；

（4）行进盲道宜在距树池边缘 250～500mm 处设置；如无树池，行进盲道与路缘石上沿在同一水平面时，距路缘石不应小于 500mm，行进盲道比路缘石上沿低时，距路缘石不应小于 250mm；

（5）盲道应避开非机动车停放的位置；可预留出停放区位再设盲道；

（6）行进盲道的触感条规格如图 2.19 所示，应符合表 2.7 的规定。

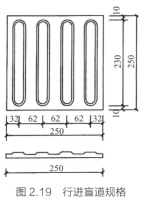

图 2.19　行进盲道规格
（单位：mm）

行进盲道的触感条规格表	表 2.7
部位	尺寸要求 /mm
面宽	25
底宽	35
高度	4
中心距	62～75

2）提示盲道

提示盲道应符合下列规定：

（1）行进盲道在起点、终点、转弯处及其他有需要处应设提示盲道，提示盲道的规格应如图 2.20 所示。当盲道的宽度不大于 300mm 或有十字交叉的路线时，提示盲道的宽度应大于行进盲道的宽度，如图 2.21 所示。

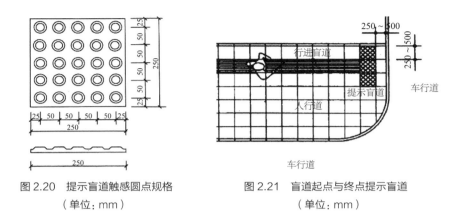

图 2.20　提示盲道触感圆点规格　　　　图 2.21　盲道起点与终点提示盲道
（单位：mm）　　　　　　　　　　　（单位：mm）

（2）人行道中有台阶、坡道和障碍物等，宜在相距 250 ~ 500mm 处设提示盲道，如图 2.22 所示。

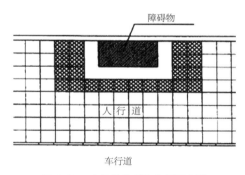

图 2.22　人行道障碍物的提示盲道

（3）提示盲道的触感圆点规格应符合表 2.8 的规定。

提示盲道的触感圆点规格　　　　　　　　　　　　　　　表 2.8

部位	尺寸要求 /mm
表面直径	25
底面直径	35
圆点高度	4
圆点中心距	50

2.3.3　出入口与轮椅席位

1）出入口

建筑出入口无障碍设计的基本原则是实现室内外的便捷畅通，包括平坡出入口、台阶和轮椅坡道出入口、台阶和升降平台出入口以及无台阶和无坡道的出入口。其中无台阶、无坡道的出入口设计是人们在通行中最为便捷安全的出入口，通常称为无障碍出入口。当出入口设置台阶时，应同步设置轮椅坡道和扶手；坡道越长，坡度越平缓；坡道过长时，需设置休息平台。坡道应满足防滑的要求，但不能处理过度，否则会增加阻力，带来通行困难。

无障碍出入口的轮椅坡道及平坡出入口的坡度应符合下列规定：

（1）平坡出入口的地面坡度不应大于 1∶20，当场地条件比较好时，不宜大于 1∶30。

（2）公共建筑与居住建筑入口设有台阶时，必须设轮椅坡道和扶手，图2.23所示是典型的公共建筑入口台阶、U 形坡道和扶手形式。入口处应设提示盲道。寒冷积雪地区地面应设融雪装置，坡道、地面都应使用防滑材料，坡道坡度在 1∶12 以下，有效宽度在 1200mm 以上（与楼梯并设时在 900mm 以上），并且每升高 750mm 设置一个平台缓冲，平台深度不小于 1500mm。

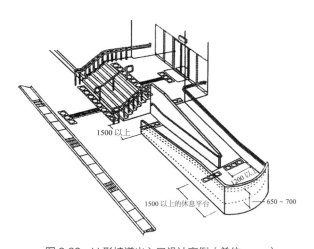

图 2.23　U 形坡道出入口设计实例（单位：mm）

（3）无障碍入口和轮椅通行平台应设雨篷，雨篷长度宜超过台阶首级踏步50mm 以上，图 2.24 中虚线表示雨篷范围。

（4）出入口设有两道门时，门扇同时开启后应留有不小于 1500mm 的轮椅通行净距离，大、中型公共建筑和中、高层建筑的通行净距离不小于1500mm，如图 2.25 所示。

（5）出入口地面应选用遇水不易打滑的材料。

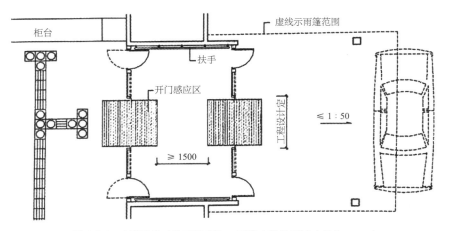

图 2.24　大型公共建筑无障碍入口雨篷出挑的区域（单位：mm）

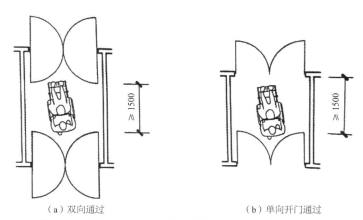

（a）双向通过　　　　　　　　　　（b）单向开门通过

图 2.25　两道门同时开启时的轮椅通行的净距离（单位：mm）

2）轮椅席位

在会堂、法庭、图书馆、影剧院、音乐厅、体育场馆等观众厅及阅览室，应设置方便残障人士到达和使用的轮椅席位。

（1）会堂、报告厅、法庭、图书馆、影剧院、音乐厅、影剧院及体育场馆等建筑的轮椅席，应设在便于疏散的出入口附近。

（2）影剧院可按每 400 个观众席设一个轮椅席。最好将两个或两个以上的轮椅席位并列布置，以便残障人士能够互相陪伴，也便于服务人员照料，会堂、报告厅及体育场馆的轮椅席，可根据需要设置。

（3）轮椅席位深 1100mm，宽 800mm，如图 2.26 所示。

（4）轮椅席位置的地面应平坦无倾斜坡度，如果周围地面有高差时，宜设高栏杆或栏板加以阻挡。

（5）轮椅席位应设在便于到达疏散口及通道的地方或附近，不得设在公共通道范围内。

（6）观众厅内通往轮椅席位的通道宽度不应小于 1200mm。

（7）轮椅席位的地面应平整、防滑。

（8）在轮椅席位上观看演出和比赛的视线不应受到遮挡，但也不应遮挡他人的视线。

（9）在轮椅席位旁或在邻近的观众席内宜设置 1∶1 的陪护席位。

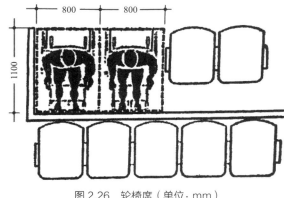

图 2.26　轮椅席（单位：mm）

（10）轮椅席位处地面上应设置无障碍标志，无障碍标志应符合规范要求。

2.3.4　轮椅坡道与扶手

1）轮椅坡道

（1）轮椅坡道宜设计成直线形、直角形或折返形，如图 2.27 所示；

（2）轮椅坡道的净宽度不应小于 1000mm，无障碍出入口的轮椅坡道净宽度不应小于 1200mm；

（3）轮椅坡道的高度超过 300mm 且坡度大于 1∶20 时，应在两侧设置扶手，坡道与休息平台的扶手应保持连贯；

（4）轮椅坡道的最大高度和水平长度应符合表 2.9 的规定；

轮椅坡道的最大高度和水平长度　　　　　　　　　　　表 2.9

坡度	1∶20	1∶16	1∶12	1∶10	1∶8
最大高度 /m	1.20	0.90	0.75	0.60	0.30
水平长度 /m	24.00	14.40	9.00	6.00	2.40

注：其他坡度可用插入法进行计算。

（5）轮椅坡道的坡面应平整、防滑、无反光；

（6）轮椅坡道起点、终点和中间休息平台的水平长度不应小于 1500mm；

（7）轮椅坡道临空侧应设置栏杆等安全阻挡措施；

（8）轮椅坡道应设置无障碍标志，无障碍标志应符合有关规定。

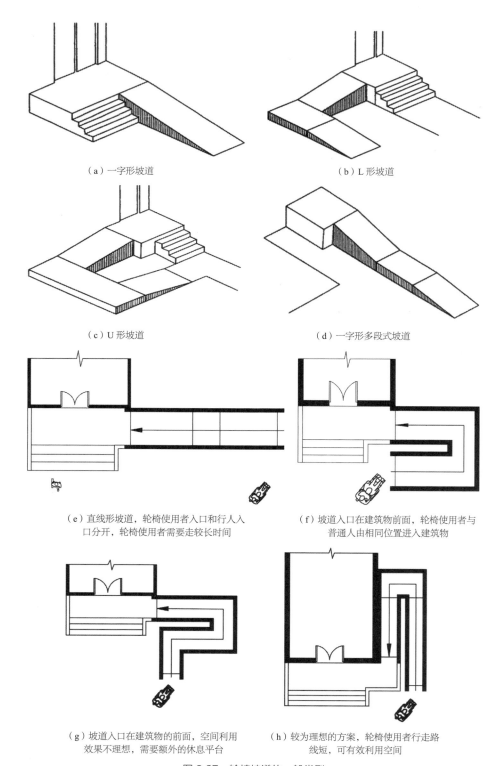

（a）一字形坡道

（b）L形坡道

（c）U形坡道

（d）一字形多段式坡道

（e）直线形坡道，轮椅使用者入口和行人入口分开，轮椅使用者需要走较长时间

（f）坡道入口在建筑物前面，轮椅使用者与普通人由相同位置进入建筑物

（g）坡道入口在建筑物的前面，空间利用效果不理想，需要额外的休息平台

（h）较为理想的方案，轮椅使用者行走路线短，可有效利用空间

图 2.27　轮椅坡道的一般类型

2）扶手

（1）无障碍单层扶手的高度应为 850～900mm；无障碍双层扶手的上层扶手高度应为 850～900mm，下层扶手高度应为 650～700mm；

（2）扶手应保持连贯，靠墙面的扶手的起点和终点处应水平延伸不小于 300mm 的长度。

（3）扶手末端应向内拐到墙面或向下延伸不小于 100mm，栏杆式扶手应向下成弧形或延伸到地面上固定；

（4）扶手内侧与墙面的距离不应小于 40mm；

（5）扶手应安装坚固，形状易于抓握；圆形扶手的直径应为 35～50mm，矩形扶手的截面尺寸应为 35～50mm；

（6）扶手的材质宜选用防滑、热惰性指标好的材料，能承载荷载规范所规定的水平荷载。

2.3.5　通道与门

1）通道

（1）走道净宽不宜小于 1200mm。当净宽为 1200mm 时，可满足一辆轮椅和一个行人侧身通过。当净宽为 1500mm 时，可满足一辆轮椅和一个行人正面通过，并且轮椅可以回转。当走道不小于 1800mm 时，可满足两辆轮椅通过，如图 2.28 所示。

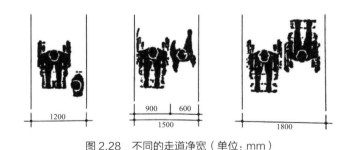

图 2.28　不同的走道净宽（单位：mm）

（2）走道尽端供轮椅通行的空间，因门开启的方式不同，走道净宽不小于图 2.29 所示尺寸。

（3）供残障人士使用的走道两侧的墙面，应在 900mm 高度设扶手；走道拐弯处的阳角应为圆弧墙面或切角墙面；走道两侧墙面的下部应设高 350mm

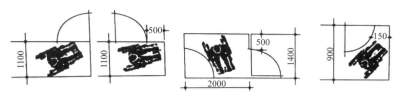

图 2.29 走道尽端空间（单位：mm）

的护墙板；走道一侧或近端与地坪有高差时，应采用栏杆、栏板等安全设施；走道两侧不得设突出墙面、影响通行的障碍物，光照度不应小于 120lx。

2）门

（1）方便残障者使用的门，根据适用程度，从适宜到不适宜，选择顺序是：自动门、推拉门、折叠门、平开门、轻度弹簧门、重度弹簧门和旋转门，如图 2.30 所示。不宜采用力度大的弹簧门、玻璃门；当采用玻璃门时，应有醒目的提示标志。

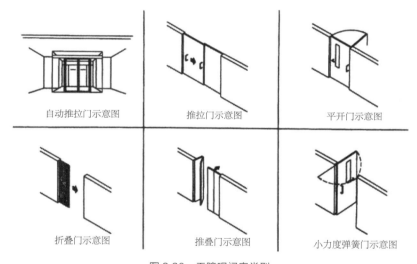

自动推拉门示意图	推拉门示意图	平开门示意图
折叠门示意图	推叠门示意图	小力度弹簧门示意图

图 2.30 无障碍门扇类型

（2）自动门开启后通行净宽度不应小于 1000mm。

（3）平开门、推拉门、折叠门开启后的通行净宽度不应小于 800mm，有条件时，不宜小于 900mm。

（4）平开门应设置可以使门缓慢闭合的闭门器。

（5）在门扇内外应留有直径不小于 1500mm 的轮椅回转空间。

（6）在单扇平开门、推拉门、折叠门的门把手一侧的墙面，应设宽度不小于 400mm 的墙面。

（7）平开门、推拉门、折叠门的门扇应设距地 900mm 的把手，宜设视线观察玻璃，并宜在距地 350mm 范围内安装护门板。

（8）门槛高度及门内外地面高差不应大于 15mm，并以斜面过渡。

（9）无障碍通道上的门扇应便于开关。

（10）宜与周围墙面有一定的色彩反差，方便识别。

2.3.6　楼梯与台阶

1）楼梯

（1）供挂拐者和视觉障碍者使用的楼梯

①不宜采用弧形楼梯，宜采用直线形楼梯；②楼梯的净宽不宜小于 1200mm；③不宜采用无踢面的踏步和突沿为直角形的踏步；④踏步面的两侧或一侧凌空为明步时，应防止拐杖滑出；⑤楼梯两侧应在 900mm 高度处设扶手，扶手宜保持连贯；⑥楼梯起点及终点处的扶手，应水平延伸 300mm 以上；⑦楼梯间的光线要明亮，楼梯的净宽度和休息平台的深度不应小于 1500m；⑧公共建筑楼梯的踏步宽度不应小于 280mm，踏步高度不应大于 160mm；⑨不应采用无踢面和直角形突缘的踏步；⑩宜在两侧均做扶手；⑪如采用栏杆式楼梯，在栏杆下方宜设置安全阻挡措施；⑫踏面应平整防滑或在踏面前缘设防滑条；⑬距踏步起点和终点 250～300mm 宜设提示盲道；⑭踏面和踢面的颜色宜有区分和对比；⑮楼梯上行及下行的第一阶宜在颜色或材质上与平台有明显区别。

（2）供挂拐者和视觉障碍者使用的台阶

①公共建筑的室内外台阶踏步宽度不宜小于 300mm，踏步高度不宜大于 150mm，并不应小于 100mm；②踏步应防滑；③三级及三级以上的台阶应在两侧设置扶手；④台阶上行及下行的第一阶宜在颜色或材质上与其他阶有明显区别。

2）楼梯的细部设计，如图 2.31 所示。

视觉障碍者发现台阶的起点、终点是有困难的。如果在大厅中央宽敞的区域内，突然上升或下降都是不合理的处理。在走廊或通路的环状路一侧及与其成直角的稍微凹进去的部分设置台阶比较好。连续的台阶中每个踏步的尺寸，最好保持一致。有共享空间的楼梯会造成儿童或东西坠落等危险，需要采取防止这些危险发生的安全措施。另外，台阶下能够通行的话，容易发生视觉障碍

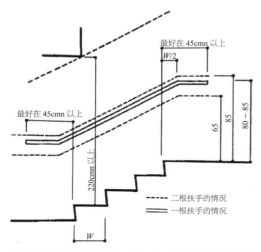

（a）扶手最好是比台阶两端更长一些，并保持与走廊部分的扶手连续

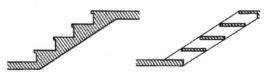

（b）台阶的边缘做成挑出的形式很容易发生绊脚的事故。另外没有挡板的台阶容易让人跌倒滑落，十分危险

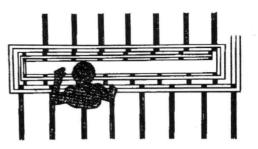

（c）楼梯的周围做成漏空的形式，存在儿童或东西坠落的危险。在漏空的部分，需要考虑设置防止物体落下的安全网。另外，幼儿容易攀爬楼梯或侧墙的扶手，对此应该特别注意

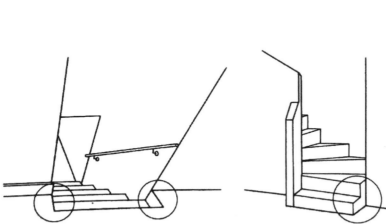

（d）在楼梯的终点，追加台阶的形式是发生绊倒、摔伤的根本原因

（e）在楼梯的始点，追加台阶的形式是发生绊倒、摔伤的根本原因

（f）楼梯下面作为通道时，留下不高不低的空间，存在视觉障碍者或儿童撞头的危险

图2.31　楼梯细部设计

者或儿童撞头的事故。为此应在台阶下部附设安全设施，至少也应保持地面到台阶之间的高度为 2200mm，或者在这些台阶的周围设置安全栏杆，以免发生危险。

2.3.7　电梯与升降平台

1）电梯候梯厅

无障碍电梯的候梯厅应符合下列规定：

（1）候梯厅深度不宜小于 1500mm，公共建筑及设置病床梯的候梯厅深度不宜小于 1800mm，住宅的候梯厅深度不宜小于电梯中最大一台的轿厢深度；

（2）呼叫按钮高度为 900～1100mm；

（3）电梯门洞的净宽度不宜小于 900mm；

（4）电梯出入口处宜设提示盲道和无障碍标识，应符合相关规定；

（5）候梯厅应设电梯运行显示装置和抵达音响。

2）电梯轿厢

无障碍电梯的轿厢应符合下列规定：

（1）轿厢门开启的净宽度不应小于 800mm；

（2）在轿厢的侧壁上应设高 900～1100mm、带盲文的选层按钮，盲文宜设置于按钮旁；

（3）轿厢的三面壁上应设高 850～900mm 的扶手，扶手应符合相关规定；

（4）轿厢内应设电梯运行显示装置和报层音响；

（5）轿厢正面高 900mm 处至顶部应安装镜子或采用有镜面效果的材料；

（6）轿厢的规格应依据建筑性质和使用要求的不同而选用：最小规格为深度不应小于 1400mm、宽度不应小于 1100mm 轮椅可直进直出；中型规格为深度不应小于 1600mm、宽度不应小于 1400mm 轮椅可在轿厢内旋转 180°，然后正面驶出；医疗建筑与老人建筑宜选用病床专用电梯；

（7）电梯位置应设无障碍标志，无障碍标志应符合有关规定。

3）升降平台

升降平台应符合下列规定：

（1）升降平台只适用于场地有限的改造工程，新建建筑不应采用这种形式；

（2）垂直升降平台的深度不应小于 1200mm，宽度不应小于 900mm，应设扶手、挡板及呼叫控制按钮；

（3）垂直升降平台的基坑应采用防止误入的安全防护措施；

（4）斜向升降平台宽度不应小于 900mm，深度不应小于 1000mm，应设扶手和挡板；

（5）垂直升降平台的传送装置应有可靠的安全防护装置；

（6）升降平台应设无障碍标志，其设置需符合相关规定。

2.3.8　机动车停车位

机动车停车场是城市交通和建筑布局的重要组成部分。设置在地面上或是地面下的停车场地，应将通行方便、距离建筑出入口最近的停车位安排给残障人士使用。

1）有残障人士通道的停车场

有残障人士通道的停车场，应该用标志牌明确标出残障人士停车位，停车位应尽量靠近残障人士通道，如有可能，上面加顶棚；停车场停车位要有一定宽度，以供坐轮椅者上下。国际通用的轮椅使用者通道的标志，是黄色或白色的标志牌，至少有 1400mm 高。应在靠近停车场停车位的墙上或标志牌上标示出残障人士预留停车位标志，使用 50mm 高的蓝色背景下的白色大写字体。指示通往残障人士通道的停车场标志，应该采用国际残障人士通道标志，字体高度至少为 75mm，大写与小写字体并用。

路边平行式停车的车道应有进入车辆后部的通道，因为轮椅通常放在车辆后部，因此面积至少为 6600mm（长）×2400mm（宽）（最好是 3300mm 宽，如果能让残障人士直接上人行道，那么 2400mm 宽的停车位就足够了），但是，在残障司机或乘客下车的路边，应提供一个 3300mm 宽的停车位。

2）停车车位

残障人士停放机动车的车位，应布置在停车场（楼）进出方便的地段，并靠近人行通道，无障碍机动车停车位的地面应平整、防滑、不积水，地面坡度不应大于 1∶50。

残障人士停放车位的一侧，与相邻车位之间，应留有轮椅通道，其宽度不应小于 1200mm，供乘轮椅者从轮椅通道直接进入人行道和到达无障碍出入口。如设两个残障人士停车位，则可共用一个轮椅通道。

无障碍停车位和乘降区应以黄色清楚地标示，以便与标准停车位区分开来。在路面和标志牌上或墙上，以国际残障人士通道标志标示出每一个停车位。标志上亦应说明要进行定期检查，以确保只有残障人士使用这些停车位。

便于残障人士进入的商店和建筑物的停车场车位分配规定如下（建议）：每25个停车位，应设1个加宽的停车位；每50个停车位，应设2个加宽的停车位；每75个停车位，应设3个加宽的停车位；每100个停车位，应设4个加宽的停车位；超过100个停车位的大型停车场，停车位应酌情设置。

无障碍机动车停车位的地面应涂有停车线、轮椅通道线和无障碍标志。残障人士停车场停车位应该有一个1200mm宽的乘降区，在停车位的后部标出。有残障人士通道的停车位可以与标准尺寸的停车位一起排列，共用两车道间的1200mm宽的乘降区。乘降区应用黄色交叉线在路面上清楚地标示出来（图2.32）。

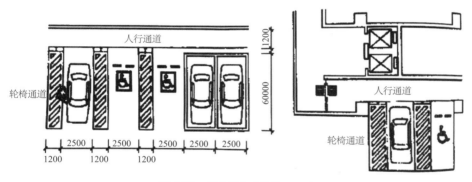

图2.32　停车标志（单位：mm）

2.3.9　标识系统与信息无障碍

1）标识系统

无障碍标志包括下列几种：

（1）通用的无障碍标志、无障碍设施标志牌、带指示方向的无障碍设施标志牌应符合有关规定；

（2）无障碍标志应醒目，避免遮挡，定期维护；

（3）无障碍标志应纳入城市环境或建筑内部的引导标识系统，形成完整的系统，清楚地指明无障碍设施的走向及位置。

盲文标志可分成盲文地图、盲文铭牌、盲文站牌；盲文标志的盲文必须采用国际通用的盲文表示方法。

2）信息无障碍

信息无障碍应符合下列规定：

（1）根据需求，因地制宜设置信息无障碍的设备和设施，方便人们获取各类信息；

（2）信息无障碍设备和设施位置与布局应合理。

3 建筑绿化技术基础知识

第3章　建筑绿化技术基础知识

建筑物绿化能快速增加绿化面积，直接改善城市整体环境质量，形成循环性城市建设。本章主要讲述建筑绿化的概念和范围，目的在于掌握不同位置建筑绿化的功能、方法、措施，了解建筑绿化具体工程构造做法。

3.1　屋顶绿化技术

屋顶绿化可以理解为在各类建筑物、构筑物的屋顶、露台上进行造园绿化。屋顶绿化是建筑艺术与园林艺术的完美结合，在保护人居环境、提升环境质量方面有很大作用。

3.1.1　屋顶绿化类型

屋顶绿化形式可简单分为花园式屋顶绿化和简单式屋顶绿化。

3.1.1.1　花园式屋顶绿化

花园式屋顶绿化也称综合式屋顶花园，是指综合各种方式，在屋顶打造景观丰富、档次较高的优美休闲环境，可满足大型酒店、商场等的商业化要求，为不同层次和不同需求的人提供服务，或称为绿岛式屋顶绿化。在一些荷载比较高、条件比较好的屋顶，建立以乔灌木为主、以大绿量为特征、人类较少进入的绿化斑块，可为城市环境中生存的鸟类、昆虫提供良好的栖息地，对一些比较珍贵的植物进行保护性种植。

3.1.1.2　简单式屋顶绿化

简单式屋顶绿化也称庭院式屋顶花园，是利用山水花木和园林小品组景，设置休息桌凳，修建一些小巧的传统建筑小品，如亭、廊、假山、瀑布等，栽植花木，营造出以小见大、意境悠远的庭园效果。

3.1.2　屋顶绿化植物设计

3.1.2.1　屋顶绿化植物种类与构成

1）种类

屋顶绿化宜种植喜光、喜温、根系发达、植株矮壮、枝叶茂密的植物。屋顶绿化所用的基质与其他绿化的基质有很大的区别，要求肥效充足而又要轻质。为了减轻荷载，土层厚度应控制在最低限度。一般栽植草皮等地被植物的泥土厚度需 10 ～ 15cm；栽植低矮的草花，泥土厚度需 20 ～ 30cm；灌木土深 40 ～ 50cm；小乔木土深 60 ～ 75cm。

屋顶绿化由于受到条件限制，其植物选择有一定的特殊要求，比如一般应选择耐旱、抗寒性强的矮灌木和草本植物，阳性、耐瘠薄的浅根性植物，抗风、不易倒伏、耐积水的植物种类，以及以常绿为主、冬季能露地越冬的植物；还应尽量选用乡土植物，适当引种绿化新品种等。

花灌木是屋顶绿化的主体，应尽量实现四季花卉的搭配。例如，春天的榆叶梅、春鹃、迎春花、栀子花、桃花、樱花、贴梗海棠；夏天的紫薇、夏鹃、黄桶兰、含笑、石榴；秋天的海棠、菊花、桂花；冬天的蜡梅、茶花、茶梅。草本花可选配瓜叶菊、报春、蔷薇、月季、金盏菊、一串红、一品红等。水生植物有马蹄莲、水竹、荷花、睡莲、菱角、凤眼莲等。

除了考虑花卉的四季搭配外，还要根据季相变化选择树木，视生长条件可选择广玉兰、大栀子、龙柏、黄杨大球、紫叶李、龙爪槐、枇杷、桂花、竹类等常绿植物。多运用观赏价值高、有寓意的树种，如枝叶秀美、叶色红色的鸡爪槭、红瑞木、石楠，飘逸典雅的苏铁，枝叶婆娑的丛竹，寓意品行高洁的梅、兰、竹、菊、松等。

镶边植物在屋顶绿化中应用也非常广泛。镶边植物可用麦冬、扁竹叶、小叶女贞、地阳花等。

屋顶墙面绿化通常利用有卷须、钩刺等的吸附、缠绕、攀缘性植物，使其在各种垂直墙面上快速生长，爬山虎、紫藤、常春藤、炮仗花、凌霄及爬行卫矛等植物价廉物美，有一定观赏性，可作首选。也可选用其他花草、植物垂吊墙面，如紫藤、葡萄、爬藤蔷薇、木香、金银花、炮仗花、西府海棠、木通、牵牛花等，或果蔬类如葡萄、青菜、南瓜、丝瓜、佛手瓜等。

草坪和蕨类是在屋顶绿化中采用最广泛的地被植物品种。如矮化龙柏及仙人掌科，各种草皮如高羊茅草、天鹅绒草、吉祥草、麦冬、葱兰、马蹄筋、美女樱、太阳花、遍地黄金、马缨丹、红绿草、吊竹梅、凤尾珍珠等。此外，宿根植物很多是地被覆盖的好品种，如天唐红花草、小地榆、富贵草、石竹等。如果巧妙搭配、合理组织，能创造鲜明、活泼的底层空间。

在屋顶绿化设计中，还可优先选用桑、合欢、广玉兰、无花果、棕榈、大叶黄杨、夹竹桃、木槿、茉莉、玫瑰、番石榴、海桐、桂花等抗污染力较强的品种。

2）构成

（1）以植物属性区分

①景天属植物　屋顶绿化中常用的景天属植物有佛甲草、垂盆草、凹叶景天、金叶景天等。

②藤本植物　屋顶绿化中常用的藤本植物类有蔓长春花、油麻常春藤等。

③宿根草花类　屋顶绿化中常用的宿根草花类有石竹属、百里香属等。

④矮花灌木类　屋顶绿化中常用的矮花灌木类有矮生紫薇、六月雪、锦葵、木模、小叶扶芳藤、扶桑、假连翘等。

⑤灌木小乔木　屋顶绿化中常用的灌木小乔木有玫瑰、石榴、红枫、南天竹、桂花、八角金盘、栀子、金丝桃、八仙花、苏铁、酒瓶兰、散尾葵等。

（2）以植物的生活周期区分

①一年生植物　植物的生命周期短，由数星期至数月，在一年内完成其生命过程，然后全株死亡，如白菜、豆角、凤仙花、鸡冠花、百日草、半支莲、万寿菊等。可以将不同花卉选出后按高低色彩不同进行搭配。如适合围边的有香雪球、赛亚麻；中等高度的有孔雀草、矮生百日草、凤仙花；做背景的有向日葵、羽状鸡冠花、醉蝶花等。有些一年生花卉的养护更节省时间，因为这些花卉开花后残花会自动脱落，而且脱落得很彻底，无须费时间摘除残花，如凤仙花、蕾香蓟、烟草、山梗菜、醉蝶花等。若土中腐殖质含量丰富，可以种植同一种一年生花卉。但像紫莞、金鱼草和万寿菊等易受土壤病害侵袭的品种，就不太适合年复一年栽植在同一地点。

②二年生植物　于第一年种子萌发、生长，至第二年开花结实后枯死的植物，如甜菜、五彩石竹、紫罗兰、羽衣甘蓝、瓜叶菊、鸡冠花、一串红、紫茉莉、翠菊、金盏菊、三色堇等，是园林布置的重要材料，常栽植于花坛、花径等处，也可与建筑物配合种植于围墙、栏杆四周。

③多年生植物　生活周期年复一年，多年生长，如常见的乔木、灌木都是多年生植物。另外还有些多年生草本植物，或地上部分在冬天枯萎，来年继续生长和开花结实的植物，如芍药、水仙、郁金香、朱顶红、马蹄莲、仙客来、大岩桐、晚香玉等。

3.1.2.2　屋顶绿化植物的形式及选择

1）屋顶绿化植物的形式

屋顶绿化在植物造景方面的灵活性相对较小，但是所选择的植物类型相当宽泛。无论哪种使用要求和种植形式，都要求选配比露地花园更为精美的品种，保持四季常青、三季有花、一季有景。

（1）孤赏树　孤赏树在园林中通常有两种功能，一是作为园林空间的主景，展示树木的个体美；二是发挥遮阴功能。屋顶绿化一般不希望栽植大乔木，但作为中心景物，为欣赏树形、枝叶或姿态，可选用少量的小乔木，如南洋杉、龙柏、黄杨大球、紫叶李、龙爪槐等。

（2）丛植树、群植以及树林　丛植树是由两株到十几株的乔木或乔灌木组合种植而成的种植类型。屋顶绿化中主要采用小乔木或大灌木。树丛既表现树木组合的群体美，同时又表现其组成单株的个体美，所以，选择树丛的单株树木条件要求在庇荫、树形姿态、色彩、开花或芳香等方面有特殊价值的树木。受环境条件限制，群植以及树林在普通的屋顶绿化中采用较少，大型屋顶绿化中使用群植以及树林时，其树种选择的要求与丛植树相同。

（3）花灌木　通常指有美丽芳香的花朵或色彩艳丽的果实的灌木和小乔木。这类树木种类繁多，观赏效果显著，在园林绿地中应用广泛。花灌木可丰富边缘线，起到高大乔木和地面之间的过渡作用。花灌木是建造屋顶绿化的植物主体，它们的观赏效果通常为花朵、叶色或果实，如一串红、旱金莲、凤仙花、鸡冠花、大丽花、金鱼草、雏菊、羽衣甘蓝、红枫、贴梗海棠、蜡梅、月季、玫瑰、山茶、桂花、牡丹、结香、平枝栒子、八角金盘、金钟花、八仙花、迎春花、棣棠、六月雪等。

（4）垂直绿化　具有细长茎蔓的木质藤本植物，它们可以攀缘或垂挂在各种支架上，有些可以直接吸附于垂直的墙壁上，不占或很少占用地面积，应用形式灵活多样，是各种棚架、凉廊、栅栏、围篱、墙面、拱门、灯柱、山石、枯树等的绿化好材料，在提高绿化质量，丰富园林景色，美化建筑立面等方面有独到之处。如洋常春藤、茑萝、牵牛花、紫藤、木香、凌霄、蔓蔷薇、金银花、常绿油麻藤等。

（5）绿篱　把灌木或小乔木以近距离的株行距密植的园林栽植方式，主要起着界定范围的作用，也可用来分隔空间和屏障视线，或作雕塑、喷泉等的背景。用作绿篱的树种，一般都是耐修剪、多分枝和生长较慢的常绿树种。常见的绿篱植物有女贞、刺梅、圆柏、杜松、珍珠梅、黄杨、雀舌黄杨等。

（6）地被植物　是指用于对裸露地面或斜坡进行绿化覆盖的低矮、密集的灌木或藤木，常用的有天鹅绒草、醉浆草、虎耳草、狗牙根、鸟巢蕨、铁角蕨、绒蕨等。有时果树和蔬菜也可作为很好的屋顶植物材料，如矮化苹果、金橘、葡萄、猕猴桃、草薄、黄瓜、丝瓜、扁豆、番茄、青椒、香葱等。

2）屋顶绿化植物的选择要求

由于地理位置和气候条件的不同，屋顶绿化植物的选择标准要因地制宜，要充分考虑屋顶绿化的特点，选择适宜屋顶生长条件的植物品种。

（1）选择耐旱、耐贫瘠的植物。由于屋顶夏季气温高，容易蒸发损失植物生长必需的水分；加上风力大，空气干燥，没有自然条件下地下水的供给，所以选择耐旱、耐贫瘠的植物更便于日常管理，还可以节约用于灌溉和施肥的养护费用。

（2）选择喜阳性植物。屋顶接受太阳辐射较多，紫外线强度也大，因此应选择喜阳性植物或沙生植物。此外屋顶还会受到建筑物的遮挡，可能常年不受阳光直射，因此可以在蔽光处选择一些半阳性植物，如藤本植物的紫藤、地锦等，可以栽植在一些花架、棚架下或是围合在屋顶绿化的墙角边。

（3）选择抗风、抗寒植物。屋顶的风力比地面大，夜晚温度比地面低，加上屋顶的种植土层一般较薄，因此在植物的选择上要用一些可以抵抗风力、不易倾倒的植物。其中景天科的佛甲草因为有较强的抗逆性，是屋顶绿化的理想选择。

（4）选择浅根性且耐短时间潮湿的植物。为了防止植物发达的根系对屋顶结构的侵蚀，植物应以浅根系且水平根发达的植物为主。一旦有强降雨，短时间内浸湿的大量根系处于暂时缺氧状态，对植物生长威胁很大。

（5）选择以常绿为主的植物。如在北方的环境气候下，许多植物的绿色期和开花期很短，所以要尽可能以常绿植物为主，常绿的有小叶黄杨、金心大叶黄杨、银边大叶黄杨、八角金盘、金丝桃、红叶石楠、海桐、紫鹃、鹿角柏、珊瑚树等。视当地具体的季相变化，还可配置一些有色叶树种，使屋顶绿化一年四季有景可赏，如糯米条、棠棣、金叶女贞、珍珠梅。

（6）选择生长缓慢的植物。避免选择生长过快、重量大幅增加的树木，生长缓慢的植物还可以缓解因施肥、修剪频率过大带来的养护压力。

（7）尽量选用乡土树种，适当增加当地精品。乡土树种对当地的气候有高度的适应性，在环境恶劣的屋顶环境中易于成活。

3.1.2.3　屋顶绿化种植技术措施与施工技术

1）屋顶绿化种植技术措施

（1）屋顶绿化种植区构造要求

屋顶绿化种植区基本构造剖面如图 3.1 所示。绿化种植屋面一般适用于平屋顶，且坡度不宜大于 3%，以免种植介质流失。

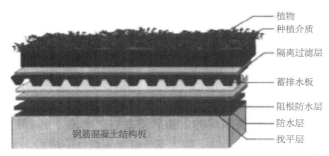

图 3.1　屋顶绿化种植区构造剖面

①种植基质层　种植基质层一般以田园土为基土，再掺以草炭粒等松散物混合而成。

②隔离过滤层　隔离层可采用无纺布、玻璃丝布，也可用塑料布，上撒松针土、珍珠岩、腐殖土、陶土。为了保持适度透水，隔离层铺设时不粘合，直接搭接即可。

③蓄水层　蓄水层用 5cm 厚的泡沫塑料铺成。现在一般采用成品蓄排水板，将蓄水层、排水层合二为一，效果很好。

④排水层　排水层采用 2～3cm 粒径的碎石或卵石以及陶粒，厚度为10～15cm。

⑤保护层与阻根层　一般选用铝箔面沥青油毡、聚氯乙烯卷材或中密度聚乙烯土工布。

⑥防水层　防水层要两道设防，确保防水效果。例如用合成高分子卷材和

涂料，可选择上为 1.5mm 厚的 P 型宽幅聚氯乙烯卷材或 1mm 厚的高密度聚乙烯，下为 2mm 厚的聚氨酯或硅橡胶涂膜；也可选择上为高密度聚乙烯卷材，下为硅橡胶或聚氨酯涂膜。如用沥青基卷材，可采用聚酯胎的 SBS、APP 改性沥青卷材，覆面材料为金属箔。

⑦砂浆找平层　水泥砂浆找平层直接抹在屋面板上，找平即可。

⑧保温层　保温层首先要轻，堆积密度不大于 100kg/m³，宜选用聚苯板、硬质发泡聚氨酯板。

⑨结构层　种植屋面的屋面板最好是现浇钢筋混凝土板，要充分考虑屋顶覆土、植物以及雨雪水荷载。对于改建屋顶绿化的屋顶完成面的防水层要极其重视，早期屋顶防水为三毡四油、三布四油（以冷胶料为黏合剂）极易渗漏，建成屋顶花园后出现问题修复难度大，建议采用新型防水材料与工艺。

（2）屋顶绿化植物的防风固定

屋顶绿化必须考虑到自然界暴风骤雨等自然力的影响。屋顶绿化必须对高度大于 2m 的树木进行防风固定处理。植物的防风固定方法主要包括地上支撑法（如图 3.2 所示）和地下固定法（如图 3.3 所示）。

1- 带有土球的木本植物　2- 圆木直径大约 60~80mm，呈三角形支撑架
3- 将圆木与三角形钢板（5mm×25mm×120mm）用螺栓拧紧固定
4- 基质层　5- 隔离过滤层　6- 排（蓄）水层　7- 隔根层　8- 屋面顶板

图 3.2　地上支撑法

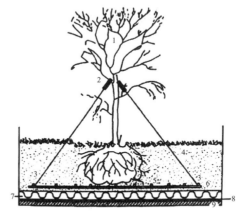

1- 带有土球的本土植物　　2- 三角支撑架与主分支点用橡胶缓冲垫固定
3- 将三角支撑架与钢板用螺栓拧紧固定　4- 基质层　5- 底层固定钢板
6- 隔离过滤层　7- 排（蓄）水层　8- 隔根层　9- 屋面顶板

图 3.3　地下固定法

2）屋顶绿化养护管理

屋顶绿化建成后的日常养护管理，关系到植物材料在屋顶上能否存活。粗放式绿化屋顶实际上并不需要太多的维护和管理，在其上栽植的植物都比较低

矮，不需要剪枝，耐性比较强，适应性也比较强。如果是屋顶花园式的绿化屋顶，就需要对植物进行定期浇水、施肥等维护和管理工作。屋顶绿化养护管理的主要工作如下：

（1）浇水与除草

屋顶上因为干燥高温、光照强、风大，植物的蒸腾量大、失水多，夏季较强的日光还易使植物受到日灼而叶片焦边和干枯，必须经常浇水或者喷水，保持较高的空气湿度。一般应在上午九点以前浇一次水，下午四点以后再浇一次水，有条件的应在设计施工的时候安装滴灌和喷灌。发现杂草及时拔除，以免杂草与植物争夺营养和空间，影响花园美观。

（2）施肥、修剪

在屋顶上，多年生的植物在较浅的土层中生长，养分较为缺乏，施肥是保证植物正常生长的必要手段，目前采用长效复合肥和有机肥，但要注意周边的环境卫生，最好用开沟埋施法进行。要及时修剪枯枝和长叶，保持植物外形优美，减少养分的消耗，有利于根系的生长。

（3）补充人造种植土

经常浇水和雨水的冲淋会使人造种植土流失，体积日渐减少，导致种植土厚度不足，一段时期后应添加种植土。另外，要注意定期测定种植土的 pH 值，使其不超过所种植植物所能承受的范围。

（4）防寒、防风

对易受冻害的植物种类，可用稻草进行包裹防寒，盆栽搬入温室过冬。屋顶上风力比地面上大，为了防止植物被风吹倒，对较大规格的乔灌木要进行特殊的加固处理。

（5）其他管理

浇水可以采用人工浇水和滴灌喷灌，应当把给水管道埋入基质层中。除此之外，还要对屋顶绿化经常进行检查，包括植物的生长情况，排水设施的情况，尤其是检查落水口是否处于良好工作状态，必要时应进行疏通和维修。雕塑和园林小品要经常清洗。

3）屋顶绿化施工技术

屋顶绿化过程中，必须进行二次防水处理。首先，要检查原有屋顶的防水性能，处理好屋顶的排水系统。在屋顶绿化工程中，种植池、水池和道路场地施工，应遵照原屋顶排水系统进行规划设计，不应封堵、隔绝或改变原排水口和坡度。

特别是大型种植池排水层下的排水管道，要与屋顶排水口配合，注意标准差。

二次防水处理，最好先取掉屋顶的架空隔热层，并不得撬伤原防水层。一般情况下，不允许在已建成的屋顶防水层上再穿孔洞与管线、预埋铁件与埋设支柱。因此，在新建房屋的屋顶上进行屋顶绿化时，应由园林设计部门提供屋顶绿化的有关技术资料，以便在建筑施工中实现屋顶绿化的各项技术要求。

要重视防水层的施工质量。目前屋顶绿化的防水处理方法主要有刚柔之分。刚性防水层主要是在屋面板上铺 50mm 厚细石混凝土，内放 $\phi 4@200$ 双向钢筋网片一层，混凝土中可加入适量微膨胀剂、减水剂、防水剂等，以提高其抗裂、抗渗性能。这种防水层比较坚硬，能防止根系发达的乔灌木穿透，起到保护屋顶的作用，比柔性卷材防水层更适合屋顶绿化。当种植屋面为柔性防水层时，上面还应设置一层刚性保护层。也就是说，屋面可以采用一道或多道（复合）防水，但最上面一道应为刚性防水层。刚性防水层因受屋顶热胀冷缩和结构楼板受力变形等影响，易出现不规则的裂缝而造成防水失败。为解决这个问题，除在 30～50mm 厚的细石混凝土中配置钢丝或钢筋网外，一般还可设置浮筑层和分格缝等。所谓浮筑层即将刚性防水层和结构防水层分开以适应变形。构造做法是在楼板找平层上，铺一层干毡或废纸等形成隔离层，然后再做干性防水层。也可利用楼板上的保温隔热层或砂子灰等松散材料形成隔离层，然后再做刚性防水层。干性防水层的分格缝是根据温度伸缩和结构梁板变形等因素确定的，按一定分格预留 20mm 宽的缝，便于填充油膏胶泥。需要注意的是：由于刚性防水层的分格缝施工质量往往不易保证，除女儿墙泛水处应严格要求做好分格缝外，屋面其余部分可不设分格缝。屋面刚性防水层最好一次全部浇捣完成，以免渗漏。防水层表面必须光洁平整，待施工完毕，刷两道防水涂料，以保证防水层的保护层设计与施工质量。要特别注意防水层的防腐蚀处理，防水层上的分格缝可用"一布四涂"盖缝，并选用耐腐蚀性能好的嵌缝油膏。不宜种植根系发达，对防水层有较强侵蚀作用的植物，如松、柏、榕树等。

要注意材料质量和节点构造。应选择高温不流淌、低温不碎裂、不易老化、防水效果好的防水材料。近年来，一些新型防水材料也开始投入使用，已投入屋顶施工的有三元乙丙卷材，使用效果不错。国外还尝试用中空类的泡沫塑料制品作为绿化土层与屋顶之间的良好排水层和填充物，以减轻自重。有用再生橡胶打底，加上沥青防水涂料，粘贴厚 3mm 玻璃纤维布作为防水层的，这样更有利于快速施工。也有在防水层与石板之间设置绝缘体层（成为缓冲带），可防止向上传播的振动，并能防水、隔热，还可在绿化位置的屋顶楼板上做 PUK 聚氨酯涂膜防水层，预防漏水。

屋顶防水层无论采用哪种形式和材料，均构成整个屋顶的防水排水系统，一切所需要的管道、烟道、排水孔、预埋铁件及支柱等出屋面的设施，均应在做屋顶防水层时妥善处理好其节点构造，特别要注意与土壤的连接部分和排水沟水流终止的部分。

3.1.3　屋顶绿化小品与园路铺装

3.1.3.1　屋顶绿化小品

1）水池

屋顶绿化中的水景因受到场地和承重限制，首先要考虑承重与安全防护，因为最浅的水池对小孩子也存在潜在的危险。通常屋顶绿化中的水景位置选择靠近中部承重比较好的区域，这里也比较好安排道路的环绕，植物、假山石的陪衬。当然，屋顶绿化的边缘部分也可以设计水景，在一些角落处布置水景，特别是背阴处，结合布置耐阴植物和湿生植物，有清幽雅致之感。

水池、叠水、喷泉、观赏鱼池和水生种植池等为屋顶有限的空间提供了观赏景物。多建造成浅矮小型观赏池，其形状可为自由式或是几何形状，水深一般 300～500mm。水池材料有许多种，常见的有钢筋混凝土、砖砌、玻璃钢成型件、PVC 粘接、碳素纤维成型等。最好采用钢筋混凝土的池底和池壁。屋顶绿化中结合水体工程也可以建造园林小品叠水和假山叠水。

2）景石

屋顶绿化置石常用的石种大致有湖石、灵璧石、石笋、宣城白石、英石、黄石等。建筑体量大的石块可以放置在屋顶的支撑点处。目前屋顶绿化置石多采用塑假石做法，可用钢丝网水泥砂浆塑成或用玻璃钢成型。其优点为造型随意，体量可大可小，特别适用于屋顶绿化结构条件受限制的地方。

屋顶上空间有限，承载能力小，不宜在屋顶上兴建大型可观可游的以土石为主要材料的假山工程。可结合屋顶的用途采用特置、对置、散置和群置等布置手法，设置以观赏为主、体量较小而分散的精美置石。

（1）特置

园林中特置的山石又称孤置山石、孤赏山石，也有称其为峰石的。特置山石大多由单块山石布置成独立性的石景，常在环境中做局部主题。

（2）对置

把山石沿某一轴线或在门庭、路口、桥头、道路和建筑物入口两侧作对应的布置。对置由于布局比较规整，给人严肃的感觉，多用于规则式园林或入口处。对置并非对称布置，作为对置的山石在数量、体量以及形态上无须对等，可挺可卧，可坐可僵，可仰可俯，只求在构图上均衡和形态上呼应，既给人以稳定感，亦有情的感染。

（3）群置

应用多数山石互相搭配布置称为群置。假山石的体型大小不同，互相交错搭配，可以配出丰富多样的石景，点缀园林。石组配成以后，再在石旁配置观赏植物，配置得体者可以入画。按配置方式不同，可分墩配、剑配和卧配等，采用何种配置方式视环境而定，但均应注意主从分明，层次清晰，疏密有致，虚实相间。

（4）散置

散置包括孤置和群置。散置的艺术要求是"似多野致"，师法自然，以山野间自然散置的岩石为蓝本，大石挡小石，小石垫大石，相聚成堆，也可分散在各处，有单块、三四块、多至五六块至数十块成堆的，大小远近，高低错落，星罗棋布，粗看颇为零乱，细看则颇具规律。

3.1.3.2　屋顶绿化园路铺装

屋顶绿化除植物种植和水体外，工程量较大的就是道路和场地铺装。屋顶铺装是在屋顶楼板、隔热保温层和防水层之上的面层。面层下的结构和构造做法一般由建筑设计确定。作为整个屋顶绿化重要组成部分，屋顶绿化的园路具有优美的曲线和丰富的色彩。屋顶绿化的园路应在不破坏原屋顶防水排水体系的前提下，结合屋顶绿化的特殊要求进行铺装面层的设计和施工。

屋顶绿化中的园路是联系各景物的纽带，是全园的脉络系统，也是整个屋顶绿化构成的重要因素。园路铺装设计，首先，在满足使用要求的前提下，要着重强调装饰性，并且与造园意境相结合，根据实际环境选择构图形式、色彩和材料。其次，铺装面应有柔和的光线、色彩，减少反光和刺眼，并与所处地形、植物和山石小品等协调一致。在选择材料时注意防滑。屋顶绿化园路铺装可采用多种材料，组成各式花色和图案。屋顶绿化中常用的园路铺装做法和材料有以下几种。

1）采用砾石垫层的铺装

在铺装面层下部铺设小砾石等做基础垫层，或利用排水砾石层做基础垫层。天然石材或混凝土块的厚度在 4～5 cm 为宜。排水层的砾石可以作为基础，砾石大小以 2～8 mm 为宜。为确保排水通畅，铺设时应保证排水层的连贯性。铺装石板的规格应控制在 40cm×40cm 至 50cm×75cm 之间。在允许的公差范围内，将砾石整平并拉好参照线，保证排水的最小坡度。排水方式不仅可以表面明排，也可以利用接缝进行排水。坡度小或者完全没有坡度的屋面，可使用透水铺装，不过透水铺装必须及时清洗，以保证渗水性。

2）用支座形式进行铺装

用支座形式进行铺装的方法是将铺装板材铺设在可调的支座上，在板下形成架空层。此方法与砾石垫层铺装的方法相比，可减少铺装重量。此外，架空层可起到保温隔热的作用，避免温度应力造成的损害，但是会产生集中荷载，需要通过一个特别稳定的保护层来缓冲应力。有时尘土等通过缝隙会进入架空层，需要定期清理。铺装面层本身必须坚固，在设计荷载下不会造成破坏。施工时一般选用大规格的板材，如 100cm×100cm 的规格。

3）木铺装

木铺装的重量很小，为保证良好的通风性和木板的伸缩，板与板之间应留 5～10 mm 的缝隙。木材铺装的园路需要定期进行刷洗、涂漆和固定等维护。为保护环境资源，克服木材易风化腐坏的缺点，也可选用复合木材代替天然木材。

4）陶瓷类面层铺装

陶瓷类铺装材料的厚度小、规格小，不可能支撑在支座上，也不可能铺在砾石等松散垫层上。为保证铺装面层的稳定性，经常使用水泥结合层。由于水泥砂浆基础会因热胀冷缩产生变形，因此铺装时必须设置伸缩缝，并尽可能保持非渗透性。为了保证雨水能够及时排出，铺装表面要保证至少百分之一的排水坡度。

3.2　墙面绿化技术

3.2.1　墙面绿化类型

1）模块式

如图 3.4a 所示即利用模块化构件种植植物实现墙面绿化。将方块形、菱形、

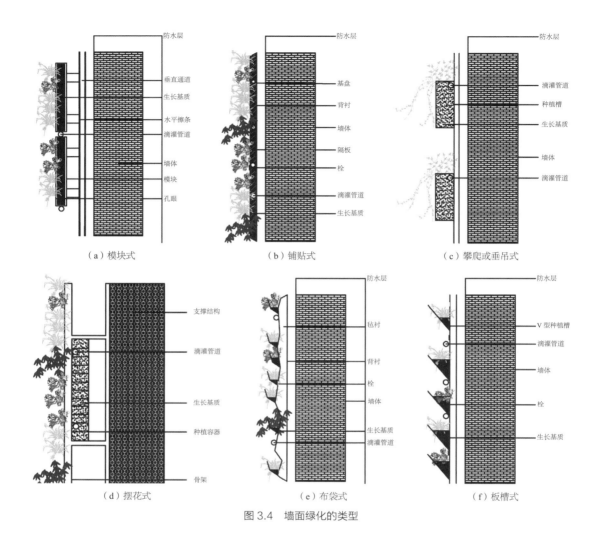

图3.4 墙面绿化的类型

圆形等几何单体构件，通过合理搭接或绑缚固定在不锈钢或木质等骨架上，形成各种景观效果。模块式墙面绿化，可以按模块中的植物和植物图案预先栽养护数月后进行安装，寿命较长，适用于大面积、高难度的墙面绿化，墙面景观营造效果最好。

2）铺贴式

如图3.4b所示即在墙面直接铺贴植物生长基质或模块，形成一个墙面种植平面系统。铺贴式墙面绿化具有如下特点：可以将植物在墙体上自由设计或进行图案组合；直接附加在墙面，无须另外做钢架，并通过自来水和雨水浇灌，降低建造成本；系统总厚度小，只有10～15cm，并且还具有防水阻根功能，有利于维护建筑物，延长其寿命；易施工，效果好等。

3）攀爬或垂吊式

如图 3.4c 所示即在墙面种植攀爬或垂吊的藤本植物，如爬山虎、常春藤、扶芳藤、绿萝等。这类绿化形式简便易行、造价较低、透光透气性好。

4）摆花式

如图 3.4d 所示即在不锈钢、钢筋混凝土或其他材料等做成的垂面架中装置盆花实现垂面绿化。这种墙面绿化方式与模块化相似，装配方便。选用的植物以时花为主，适用于临时墙面绿化或竖立花坛造景。

5）布袋式

如图 3.4e 所示即在铺贴式墙面绿化系统基础上发展起来的一种工艺系统。这一工艺首先是在做好防水处置的墙面上直接铺设软性植物生长载体，比如毛毡、椰丝纤维、无纺布等，然后在这些载体上缝制装填有植物生长及基材的布袋，最后在布袋内种植植物实现墙面绿化。

6）板槽式

如图 3.4f 所示即在墙面上按一定的距离装置 V 形板槽，板槽内填装轻质种植基质，再在基质上种植各种植物。

3.2.2　墙面绿化植物的种类与种植形式

3.2.2.1　墙面绿化植物的种类

墙面绿化植物绝大多数为攀缘植物。攀缘植物的种类按其攀缘方式分为以下几种：

1）自身缠绕植物

不具有特殊的攀缘器官，而是依靠植株本身的主茎缠绕在其他植物或物体上生长，这种茎称为缠绕茎。其缠绕的方向，有向右旋的，如啤酒花、葎草等；有向左旋的，如紫藤、牵牛花等；还有左右旋、缠绕方向不断变化的植物。

2）依附攀缘植物

具有明显的攀缘器官，利用这些攀缘器官把自身固定在支持物上，向上方或侧方生长。常见的攀缘器官有：

（1）卷须　形成卷须的器官不同，有茎（枝）卷须，如葡萄；有叶卷须，如豌豆、铁线莲等。

（2）吸盘　由枝端变态而成的吸附器官，其顶端变成吸盘，如爬山虎。

（3）吸附　根节上长出许多能分泌胶状物质的气生不定根吸附在其他物体上，如常春藤。

（4）倒钩刺　生长植物体表面的向下弯曲的镰刀状逆刺（枝刺或皮刺），将植株体钩附在其他物体上向上攀缘，如藤本月季、葎草等。

3）复式攀缘植物

具有两种以上攀缘方式的植物，称为复式攀缘植物，如具有缠绕茎又有攀缘器官的葎草。

3.2.2.2　墙面绿化植物的种植形式

1）地栽

为有利于植物生长，便于养护管理，墙面绿化种植应尽量采用地栽。一般沿墙种植。种植带宽度为 0.5 ~ 1m，土层厚度为 0.5m，种植时植物根部离墙 15cm 左右；为较快地形成绿色屏障，种植间距可略小，但也不能过密（0.25 ~ 1m）。

2）种植池

在不适宜地栽的情况下，可砌种植池，一般高为 0.6m，宽为 0.5m。可根据具体要求决定种植池的尺寸，不到 0.5m² 的土壤可种植一株爬山虎。种植池需留排水孔；土壤要求有机质含量高、保水、保肥及通气性能好（人造土或培养土）。在种植池中种植能达到与地栽同样的绿化效果。

3）堆砌花盆

堆砌花盆进行墙面植物造景，在花盆中种植非藤本的各种观赏植物可使墙面构成五彩缤纷的画面。还可在市场上选购各色各样的构件，砌成各种有趣的墙体，当植物长成后便可形成立体花坛。

3.2.3　墙面绿化设计植物选择的影响因素

在墙面绿化植物的选择与配置中，应根据植物的攀缘方式、墙面材料、墙面朝向、建筑高度及自然条件等因素来选择合适的植物种类及配置方式。

3.2.3.1　墙面材料

常见的墙面多为水泥墙面或拉毛、清水砖墙、石灰粉刷墙面及其他涂料墙面，通常墙面结构粗糙有利于攀缘植物的蔓延与生长。对于表层结构粗糙、材料强度较高的墙面，可配置有吸盘与汽生根的爬山虎和常春藤等攀缘植物沿墙壁生长。而对于表层结构较为光滑、材料强度低且抗水性差（表层会因风化而脱落）的墙面可配置如藤本月季和凌霄等植物，辅以铁钉和绳索（金属丝网）等设施。根据墙面类型选择合适的攀缘植物以及适当的处理方式是墙面植物造景成功的关键。

3.2.3.2　墙面的朝向

墙面朝向不同，采用的植物材料也应不同，一般南向和东南向的墙面光照时间较长，北向和西向的墙面光照时间较短。除墙面朝向外，建筑物之间的距离也会影响墙面光照时间的长短，因此要根据具体条件选择与光照等生态因子相适合的植物材料。如木香、紫藤、藤本月季和凌霄是阳性植物，应配置在南向和东南向光照时间长的墙面，而薜荔、常春藤和扶芳藤等喜阴或耐阴的攀缘植物，适宜配置在背阳的墙面上。

3.2.3.3　墙面高度

攀缘植物的攀缘能力不同，根据墙面高度应选择不同的植物种类。如较高的墙面可选择爬山虎等攀缘能力强的种类，低矮的墙面可配植薜荔、常春藤、紫藤、络石和凌霄等。

3.2.3.4　季相变化

若想保持墙面四季有景、避免色泽单调或落叶，可根据不同植物的变化采用混植的方法。如以爬山虎为主体的墙面，可间种一些常春藤、薜荔、木香等常绿或半常绿的攀缘植物，若墙基种植槽的空间足够，还可在攀缘植物的外围或中间配植一些常绿小灌木或是美人蕉、山茶、月季、凤尾兰和金丝桃等观花植物。

3.2.3.5　墙面色彩

墙面绿化设计除了要考虑空间大小和朝向等因素外，还需考虑与建筑物墙面色彩的协调，如砖红色的墙面应选择开白色和淡黄色花的木香、爬山虎或常春藤等观叶植物。由于灰白色是一种介于冷暖色调之间的中间色，与任何一种色彩都能相调和，所以单一色彩的灰白色墙面在色彩搭配上较为自由。

3.2.4　墙面绿化技术措施与养护管理

3.2.4.1　墙面绿化技术措施

1）墙面绿化辅助设施

墙面绿化辅助设施形式应结合建筑物的用途、结构特点、造型和色彩等设计，同时还要考虑地区特点和小气候条件以及环保要求。绿化设施按不同的绿化部分大致有以下三种形式：

（1）墙顶种植槽：墙顶部设置种植槽有两种情况，一是把种植槽砌筑在墙上，这种形式的种植槽一般较窄，浇水施肥不方便，适用于围墙；二是在墙的内侧平台上设置种植槽，适用于建筑外墙。

（2）墙面花斗：花斗是指设置在建筑物或围墙的墙身立面的种植池，通常是在建筑施工时预先埋入的。在设计时最好能预先埋设供肥（水）装置，或在楼层内留有花斗灌肥水口，底部设置排水孔。花斗的形式、尺寸可根据墙面的立面形式、栽植的植物种类等因素来确定。

（3）墙基种植槽：墙基种植槽指在建筑物或围墙的基部利用边角土地砌筑的种植槽，也可以把种植槽、建筑物或围墙作为整体来设计，这样效果会更好。墙基种植槽的设计可根据具体条件而定，一般种植槽应尽量做在土壤层上，如有人行道板或水泥路面时，应当使种植槽的深度大于45cm，过低过窄的种植槽不仅储土量少，且易引起植物脱水，对植物生长不利。

种植槽立面的设计应高低错落，因单一的条状设计在施工中易造成种植槽的弯曲，而且高低错落的设计还可以防止行人在种植槽挡土墙上行走，从而减少破坏。在种植槽边缘设置小尺度的栏杆，也可以起到保护花草、树木及种植槽的作用，但栏杆的图案应简洁，色彩要与种植槽及植物色彩相协调，不能喧宾夺主。

2）墙面绿化处理

（1）藤本植物跨越明沟的处理：对建筑墙体外侧有明沟的墙面进行绿化时，可将攀缘植物种植在明沟外侧，用钢筋（直径6mm）一头斜插在土壤内，另一头附在墙面上，让植物攀缘钢筋越过明沟爬上墙面；或者采用砖块盖住明沟，砌成50～100cm宽的种植池后填人工培养土（厚约30cm），这样也可种植小型的攀缘植物。

（2）防水处理：为避免种植槽（盒）花斗内壁漏水、渗水，墙基、墙顶和平台上的种植槽以及墙上花斗内侧可涂刷防水涂料，并在种植槽和花斗基部铺上5～10cm的排水层，排水层的材料通常用石子陶粒和炉渣等。设在屋顶上的种植槽的排水层最好选用质轻的陶粒土。

（3）墙面支架的处理：种植没有吸盘与汽生根的植物或是墙面比较光滑不利植物攀缘时，可用木（竹）架、金属丝网等辅助植物攀缘在墙面上，再经人工修剪，形成美丽的图案。除了攀缘植物外，一些耐修剪的灌木（如火棘等）也可让它沿着一定的方向生长，形成预期的图案。

3.2.4.2　墙面绿化养护与管理

墙面绿化的养护管理一般较其他立体绿化形式简单，因为用于立体绿化的藤本植物大多适应性强，极少引发病虫害，但在城市中实施墙面绿化后，也不能放任不管。随着绿化养护管理的逐步规范和专业化，墙面绿化的养护工作也日益引起人们重视。只有经过良好绿化设计和精心的养护管理，才能保持墙面绿化恒久的效果。

1）改善植物生长条件

对藤本植物生长的环境，要加强管理。在土壤中拌入猪粪、锯末和蘑菇肥等有机质，改善贫瘠板结的土壤结构，为植物提供良好的生长基质，同时，在光滑的墙面上拉铁网或农用塑料网，或用锯末、砂、水泥按 2∶3∶5 的比例混合后刷到墙上，可增加墙面的粗糙度，有利于攀缘植物向上攀爬和固定。

2）加强水肥管理

在立体墙面上可以安装滴灌系统，一方面保证植物的水分供应，另一方面提高墙面的湿润程度而更利于植物的攀爬。同时，通过每年春秋季各施一次猪粪、锯末等有机肥，每月薄施复合肥，保证植物有足够的水肥供应。

3）修剪

改变传统的修剪技术，采取保枝、摘叶、修剪等方法，该方法主要用于有硬性枝条的树种，如藤本月季等。适当对下垂枝和弱枝进行修剪，促进植株生长，防止因蔓枝过重过厚而脱落或引发病虫害。

4）人工牵引

对于一些攀缘能力较弱的藤本植物，应在靠墙处插放小竹片，牵引和按压蔓枝促使植株尽快往墙上攀缘，也可以避免基部叶片稀疏、横向分枝少。

5）种植保护篱

在垂直绿化中，人为干扰常常是阻碍藤本植物正常生长乃至成活的主要因素之一。种植槽外可以栽植杜鹃篱、迎春、连翘、剑麻等植物，既防止人行践踏和干扰破坏，又解决藤本植物下部光秃不够美观的问题。

3.3　其他建筑构件绿化

3.3.1　阳台及窗台绿化

3.3.1.1　阳台及窗台绿化配置形式

阳台、窗台植物配置的形式分为牵引、缠绕式,垂吊式,梯架式等三种方式。

1)牵引、缠绕式

采用牵引的方法,把种植在花盆或种植箱内的藤蔓植物牵引缠绕到栏杆上,或是用栏杆、绳索等构成的花式屏风上。牵引的形式可按主人的设想进行,如可从底层庭院向上牵引,或从楼层向上牵引,将阳台和窗台绿化与墙面绿化融为一体,丰富建筑的立体景观。除了用绳索、竹竿和铁丝等牵引植物外,还可用建筑材料做成简易的棚架形式,这样棚架耐用且本身也具有一定的观赏价值,冬季植物落叶后还可欣赏棚架的色彩和形式美。

2)垂吊式

根据花木垂吊的部位不同,可分为顶悬吊式、围栏悬吊式和底悬吊式三种。

(1)顶悬吊　能弥补阳台、窗台上层空间无绿色的缺憾。可先在阳台顶部设置若干吊钩,挂上几盆绿色植物,一般用网套或绳索连接,常用植物有吊兰、爪兰、槲蕨或是一些具有汽生根或耐旱的多肉多浆植物。

(2)围栏吊　是用盆栽的藤蔓植物或枝叶软而长的灌木,诸如迎春、连翘、藤本月季、吊兰和垂盆草等,垂吊在阳台的围栏外侧,或在围栏外分层用盆架托住。

(3)底悬吊　是以枝叶可以斜出或下垂的植物,如常春藤、菊花、迎春和垂盆草等悬垂在阳台和窗台底部的外沿,起到美化作用。

3)梯架式

梯架式是一种安全美观而又便于管理的形式,适合较宽敞的阳台。具体方法是在阳台内安放用金属或者木质材料做成的梯形花架,上面分门别类摆放各种盆花与盆景,梯形花架的高度和宽窄以不影响室内采光与通风为宜,同时要保证植物能接受正常的光照。

3.3.1.2　阳台及窗台常用绿化植物

朝东或朝南的阳台和窗台,光照充足,通风良好,对植物生长较为理想,植物的选择余地较大,观叶、观花和观果均可,如月季、茶花、含笑、君子兰、五针松、罗汉松、迎春、杜鹃、金桔、石榴、米兰、茉莉、葡萄和木本夜来香等。朝西朝北的阳台、窗台光照条件稍差，植物布置需扬长避短，因地、因花制宜。如向西的阳台、窗台可用活动花屏或种植槽内栽植攀缘植物，形成屏障，以遮挡夏季西晒；朝北的阳台则可选用一些耐阴的观叶植物，如棕竹、中国兰、龟背竹、橡皮树、珠兰以及常春藤和蕨类植物等。另外按照植物的生长周期特点可分为以下几类。

1）一、二年生草本植物

有金盏菊、凤仙花、牵牛、半支莲、香豌豆、百日草、千日红、茑萝、三色堇、紫菀、翠菊、金鱼草、福禄考、小白菊和剪秋萝等，还有落葵、扁豆和丝瓜，这些草本植物既可美化环境，又可供人食用。

2）多年生宿根花卉

有菊花、彩叶草、含羞草、芍药、文竹、万年青、一叶兰、吊兰、君子兰、秋水仙、铃兰、鸢尾、瓜叶菊、美人蕉、雏菊、旱金莲、天竺葵和美女樱等。

3）木本植物

有龟背竹、棕竹、爆竹花、迎春、扶桑、石榴、月季、地锦橡皮树、南天竹、栀子、含笑、杜鹃、茶花、叶子花、黄蝉、五色梅、槟榔苏铁、凌霄、常春藤、金银花和葡萄等。

3.3.1.3　种植箱的制作与安装

完整的种植箱应包括种植箱体和排除多余水分的贮水器两部分。种植箱的大小应适度，太大了容积过重很难搬动和固定到窗台、阳台或其他任何地方，种植箱太小会导致所放土壤过少，不但不能给植物生长提供足够的养分和水分，而且在夏天高温季节会使土壤很快干燥。根据经验，一般长 1m、高 22cm、宽 25cm 左右的箱子较为合适，但还应根据气候条件及阳台、窗台的实际情况做相应的调整。

种植箱的材料最好用完全干燥的木材，这样不但可以减轻自重而且种植箱也不易变形。板材最好用 2cm 厚的松木板。箱子侧面和箱底最好用一整块木板，以使箱子结实、不透水，箱底用钉子钉在四块侧壁上，在箱底街边一侧（不在中间）挖两个长方形（6cm×10cm）小孔，箱底用两根横向木条加固，侧壁角部应以金属材料加固。

钉好之后，种植箱可涂上与建筑立面色彩协调的油漆，最好不用绿色，木箱内外再刷上防腐剂。为了排除花箱内多余水分，种植箱底下应安装贮水器。凹槽形的贮水器通常是用金属材料（如铁板或镀锌板）制成，分为三部分，用隔板隔开，两侧较小，中间部分较大，隔板的基部钻一些直径为 0.5～1.0mm 的小孔，便于水分渗透，在贮水器的两端有一个突出部分，备有安装螺钉的小孔，以便把贮水器拧装在种植箱底下。

贮水器的一侧壁应高出 22cm，并有 3cm 的向内弯曲部分，正好与花箱的外侧壁相适合。贮水器做好之后，把贮水器的侧壁弯曲部分套在花箱的外侧边上，箱底上的方形孔正好与贮水器的侧格相对应，然后用螺钉把贮水器固定在箱底上，最后在箱底放一块大小为 130cm×5cm 的油毡并切开两个小孔，与箱底的方形孔相对应。

安放油毡后就可以填入栽培介质。先将贮水器两端的格填满，不要留有空隙，然后再填满整个种植箱，但在种植箱上端要留出 2～3cm 的空间。

此种植箱在浇水时因为箱内有油毡，水分不会向外渗漏，多余的水分则集中在底部，通过方形孔流入贮水器侧格的土壤里，如果水分过多则经过隔板基部的小孔而渗入中间一格，这个中间格子将水贮存起来，贮存的水分可在种植介质干燥时供给植物，同时由于土壤毛细管作用，水开始浸入贮水器侧格的栽培介质土，然后浸入种植箱内，这样就可以减少浇水次数和松土劳动，给植物生长发育创造良好条件。把种植箱直接放在地板上，紧挨金属栏杆的旁边，这种方法不需任何支架支撑，但在种植箱底部必须装上箱腿，且只适用于面积较大的阳台。

3.3.2　围墙与栏杆绿化

居住区用高矮不一的围墙、栏杆来组织空间。围墙和栏杆也是环境设计中的建筑小品，常与绿化相结合来增加绿化覆盖面积，扩大绿化空间，增添生活气氛。有时采用木本或草本攀缘植物附着在围墙和栏杆上，有时采用花卉美化围墙、栏杆。

高低错落、地形起伏变化的居住区有挡土墙，这些挡土墙与绿化有机结合可使居住环境呈现丰富的自然景色。在另外一些建筑上，可通过女儿墙绿化来美化环境。屋檐女儿墙的绿化多用于沿街建筑物屋顶外檐处。平屋顶建筑的屋顶檐口处理通常采用挑檐和女儿墙两种做法。屋顶檐口处建女儿墙是建筑立面艺术造型的需要，同时也起到屋顶护身栏杆的作用。沿屋顶女儿墙建花池既不破坏屋顶防水层，又不增加屋顶楼板荷载，浇水养护均十分方便。

3.3.3　桥体绿化

3.3.3.1　桥体绿化方法

桥体绿化的方法主要有桥体种植、桥侧面悬挂、立体绿化、中央隔离带绿化以及桥底绿化。

1）桥体种植

桥侧面的绿化类似于墙面的绿化，桥体绿化植物的种植位置主要是桥体的下面或者是桥体上。在建设桥梁和道路时在高架路或者立交桥体的边缘预留狭窄的种植槽，填上种植土，藤本植物可在其中生长，其枝蔓从桥体上自然下垂，基本不需要固定。

另外的种植部位是在沿桥面或者高架路下面种植藤本植物，在桥体的表面上设置一些辅助设施，钉上钉子或者利用绳子牵引，让植物从下往上攀缘生长，这样也可以覆盖整个桥侧面。对于那些没有预留种植池的高架桥体或者立交桥体，可以在道路的边缘或者隔离带的边缘设置种植槽。

桥体绿化还可以在桥梁的两侧栏杆基部设置花槽，种上木本或草本攀缘植物，如蔷薇、牵牛花或者金银花等，使植物的藤蔓沿栅栏缠绕生长。这种绿化方式不太适用于铁栏杆，而适用于钢筋混凝土、石桥及用水泥建造的桥栅栏。

在桥面两侧栏杆的顶部设计长条形小型花槽，长 100cm，深 30～50cm，宽 30cm 左右。主要栽种草本花卉和矮生型的木本花卉，如一年或多年生草本花卉、矮生型的小花月季或迎春、云南迎春等中小灌木，这种绿化方式特别适用于钢筋混凝土的桥体。

2）桥侧面悬挂

一些过街天桥和立交桥，由于桥体的下方是和桥体交叉的硬化道路，所以没有植物生存的土壤，桥下又不能设置种植池，这类桥梁的绿化可以采取悬挂和摆放的形式。在桥梁的护栏上设置活动种植槽，并把它固定在栏杆上，也可以在护栏的基部设置种植池或者种植槽。在种植池内种植地被植物，在种植槽内种植一些垂枝的植物，让植物的枝条自然下垂。植物材料的选择要考虑种植环境。另外也可以采取摆放的方式进行绿化，在天桥的桥面边缘设置固定的槽或者平台，在上面摆设一些盆花，在桥面配置开花植物，要注意避免花色与交通标志的颜色混同。

3）立体绿化

高架路众多的立柱为桥体垂直绿化提供了许多可以利用的载体。高架路上有各种立柱,如电线杆、路灯灯柱和高架路桥柱,另外立交桥的立柱也在不断增加,它们的绿化已经成为垂直绿化的重要内容之一。绿化效果最好的是边柱、高位桥柱以及车辆较少的地段。从一般意义上讲,吸附类的攀缘植物最适于立柱造景,不少缠绕类植物也可应用。

柱体绿化时,对那些攀缘能力强的树种可以任其自由攀缘,而对吸附能力不强的藤本植物,可以在立柱上用塑料网和铁质线围起来,让植物沿网自行攀爬。对处于阴暗区的立柱的绿化,可以采取贴植方式,如用 3.5～4m 的女贞或罗汉松。考虑到塑料网的老化问题,为了达到稳定依附目的,可以在立柱顶部和中部各加一道用铁质线编结的宽 30cm 的网带。

4)中央隔离带绿化

在大型桥梁上通常建造有长条形的花坛或花槽,可以在上面栽种园林植物,如黄杨球,还可以间种美人蕉、藤本月季等作为点缀。也有在中央隔离带上设置栏杆的,可以种植藤本植物任其攀缘,既可以防止绿化布局呆板,又可以起到隔离带的作用。中央隔离带的主要功能是防止夜间灯光炫目,起到诱导视线以及美化公路环境、提高车辆行驶安全性和舒适性、缓和道路交通对周围环境的影响以及保护自然环境和沿线居民生活环境的作用。

中央隔离带的土层一般比较薄,所以绿化时应该采用浅根性的植物,同时植物必须具有较强抗旱、耐瘠薄能力。

5)桥底绿化

立交桥部分桥底部也需要绿化,因光线不足,干旱,所以栽植的植物必须具有较强的耐阴抗旱、耐瘠薄能力,常用的植物有八角金盘、桃叶珊瑚、各种麦冬等耐阴性植物。

3.3.3.2 城市桥体绿化植物的选择

立交桥高架路和立柱绿化条件很差,如光照不足、污染严重、土壤质地差、水分供应困难等。

在植物选择上,依据立交桥、高架路特殊的生态条件,应选择具有较强抗性的植物。应以乡土树种、草种为主,主要树种应有较强抗污染能力以适应高速公路绿地特点。还应选用适应性强并且耐阴的植物种类。例如,针对土层薄的特点要选耐瘠薄、耐干旱植物;针对立柱和桥底光线条件比较差的特点,柱体绿化首先要选择耐阴植物。

桥侧面绿化的植物选择与墙面绿化的选择基本一致。

4 外环境中物理环境设计技术基础知识

第4章 外环境中物理环境设计技术基础知识

外环境中物理环境设计内涵很广，其作用在于创造舒适优雅、活泼生动或庄重严肃的环境气氛，对人的情绪状态、心理感受产生积极的影响。本章主要从外环境中声、光、热三个方面讲述环境设计，主要了解外环境中物理环境的功能、对环境的影响，并掌握噪声控制，光环境的营造方法以及外环境设计中物理环境的设计要点。

4.1 室外声环境与噪声控制基础知识

人们所处的各种空间环境，总是伴随着一定的声环境。在各种空间环境里，人们对需要的声音，希望听得清楚、听得好；对于不需要的声音，则希望尽可能地降低，以减少其干扰。因此，适宜的声环境是人们对空间环境功能要求的组成部分。

4.1.1 室外声环境基础知识

4.1.1.1 声音的产生

声音产生于振动。如人的讲话是由声带振动引起，扬声器发声是由扬声器膜片的振动产生的。振动的物体是声源。声源在空气中振动时，使邻近的空气随之产生振动并以波动的方式向四周传播开来，当传到人耳时，引起耳膜产生震动，最后通过听觉神经产生声音感觉。

最简单的振动为简谐振动，如图4.1所示。

物体振动时离开平衡位置的最大位移称为振幅，记作A，单位米（m）或者厘米（cm）。完成一次振动所经历的时间为周期，记作T，单位秒（s）。一秒钟振动的

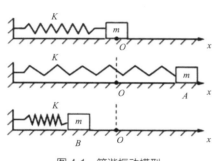

图 4.1 简谐振动模型

次数称为频率，记作 f，单位赫兹（Hz）。它们之间的关系 $f=1/T$。系统不受其他外力、没有能量损耗的振动称为"自由振动"，其振动频率叫做该系统的"固有频率"，记作"f_0"，单位赫兹（Hz）。

$$f_0 = \frac{1}{2\pi}\sqrt{\frac{K}{M}}$$

式中：

M——系统的质量，kg；

K——弹簧的倔强系数，等于使弹簧伸长单位长度所需要的力，N/m。

在位移很小的情况下，上述震动符合虎克规律，系统所受的弹力 F 与位移 y 成正比。

$$F = -Ky$$

4.1.1.2　声音在空气中的传播

"声"由声源发出，"音"在传播介质中向外传播。

在空气中，声源的振动引起空气质点间压力的变化，密集（正压）稀疏（负压）交替变化传播开去，形成波动即声波，如图 4.2 所示。

声波分为横波和纵波。质点的振动方向和波的传播方向相垂直，称为横波。如果质点的振动方向和波的传播方向相平行，则称为纵波。在空气中传播声波就属纵波。声波的传播是能量的传递，而非质点的转移。空气质点总是在其平衡点附近来回振动，而不是传向远处。

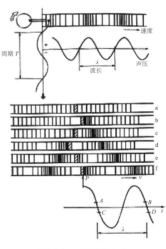

图 4.2　声波的产生

4.1.2　噪声控制

4.1.2.1　噪声的来源与控制

1）噪声的定义

噪声是声音的一种。从物理角度看，噪声是由声源作无规则和非周期性振动产生的声音。从环境保护角度看，噪声是指那些人们不需要的、令人厌恶的或对人类生活和工作有妨碍的声音。

2）噪声的来源

日常生活中，噪声的来源主要有三种：交通噪声、工业噪声和生活噪声。

交通噪声主要是交通工具在运行时发出来的，如汽车、飞机、火车等都是交通噪声源。调查表明，机动车辆噪声占城市交通噪声的85%。

工业噪声主要来自生产和各种工作过程中机械振动、摩擦、撞击以及气流扰动而产生的声音，包括城市中各种工厂的生产运转以及市政和建筑施工所造成的噪声振动等。

生活噪声主要指街道和建筑物内部各种生活设施、人群活动等产生的声音。如在居室中，儿童哭闹，大声播放收音机、电视和音响设备；户外或街道人声喧哗。

3）噪声的危害

损伤听觉、干扰睡眠、干扰语言交流，以及引起多种疾病。

4）噪声控制的途径与方法

噪声控制的途径主要有：治理声源；在传播路径上降低声源；接受者的个人防护。

（1）治理声源

改进机械设备结构，应用新材料、新工艺，降低声源的噪声发射功率；改革工艺和操作方法；提高零部件加工精度，尽量减少机件之间的摩擦；利用声的吸收、反射、干涉等特性，采用吸声、隔声、减振等技术措施，以及安装消声器等方法，控制声源的噪声辐射。

（2）在传播路径上降低噪声

声音在传播过程中能量会随距离的增加而衰减，因此应使噪声源远离安静区；声音的辐射具有一定指向性，低频的噪声指向性差，频率增高，指向性增强，因此，控制噪声的传播方向（包括改变声源的发射方向）是降低高频噪声的有效措施；建立隔声屏障或利用天然屏障（土坡、山丘或建筑物），以及利用其他隔声材料和隔声结构来阻挡噪声的传播；利用吸声材料和吸声结构，将传播中的声能吸收消耗；采取隔振措施减弱固体振动产生的噪声及其传播；在城市建设中，采用合理的城市防噪规划。

（3）接受者的个人防护

在声源和传播途径上采取的噪声控制措施不能有效实现，或只有少数人在吵闹的环境中工作时，个人防护是一种经济有效的方法。常用的防护用具有耳塞、耳罩、头盔。主要方法有：减少在噪声中的暴露时间；根据听力检测结果，适当调整在噪声环境中工作的人员。

噪声控制措施是根据使用的费用、噪声允许标准、劳动生产率等有关因素进行综合分析后而确定的。例如，在一个车间里，如噪声源是一台或少数几台机器，如车间内工人较多，一般可采用隔声罩；如车间人少，则经济有效的办法是采用护耳器。车间里噪声声源多而分散，工人也多的情况下，可采用吸声降噪措施；如工人不多，可使用护耳器或设置供工人操作或值班的隔声间。

因此，要因地制宜地选择合适的解决办法，求得最佳解决办法。

4.1.2.2　城市噪声控制

城市噪声来自交通噪声、工业噪声（工厂、施工噪声）、生活噪声。其中交通噪声的影响最大，范围最广。交通噪声控制办法有以下几点：

1）改善道路设施

如使快、慢车和行人各行其道，不仅车辆行驶畅通，也可控制行车附加噪声干扰。

2）增加交通噪声衰减

道路上行驶的机动车辆具有不连续的线声源特征，随着测点与声源距离的增加，其统计声级和等效声级会产生衰减。

3）注意道路两侧建筑合理的布局

如将不怕噪声干扰的建筑（如商店等）、辅助性房间（如楼梯间、厨房、卫生间等）、走廊及无门窗的墙等朝向噪声源，布置在干道旁，这将对后排的建筑和房间起到很好的隔声屏作用。在街坊布局中，应尽量避免建筑之间的声反射。

4.1.2.3　居住区室外噪声控制

1）居住区周围道路噪声的控制

居住区道路分为交通性干道和生活性道路。

（1）交通性干道　主要承担城市对外交通和货运交通，应避免从城市中心和居住区穿过，在选择线路时应兼顾防噪因素，尽量利用地形设计成路堑式或利用土堤等来隔离噪声。交通性干道必须从城市中心和居住区穿过时，可采用以下措施：

①将干道转入地下，其上布置街心花园或步行区。

②将干道设计成半地下式，以形成路堑式道路或利用悬臂构筑物防噪，如图 4.3 所示。

③当干道铺设在水平地面时，可结合地形

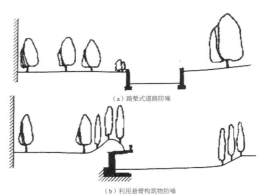

（a）路堑式道路防噪

（b）利用悬臂构筑物防噪

图 4.3　交通性干道防噪断面设计

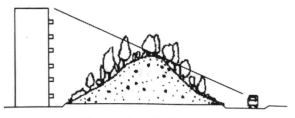

图 4.4　利用绿化土堤防噪图

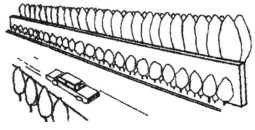

图 4.5　声屏障与绿化相结合的防噪设施

利用绿化土堤来隔离噪声，如图 4.4 所示；也可在干道两侧设置种植墙或专用声屏障；还可考虑绿化、声屏障同时布置，在声障朝干道一侧布置灌木丛、矮生树，背干道一侧声屏障后面布置树冠浓密的高大树种，可反射噪声及降低声障高度，如图 4.5 所示。

④在交通性干道两侧也可设置一定宽度的防噪绿带（需至干道中心 100m 左右），选用常绿或落叶期短的树种，高低配置组成林带。

（2）生活性道路　只允许通行公共交通车辆、轻型车辆和少量为生活服务的货运车辆。在生活性道路两侧布置公共建筑或居住建筑时，要组织防噪布局：

①当道路为东西向时，两侧建筑群宜平行式布局，南侧可布置防噪居住建筑，将次要的不怕吵的房间如厨房、厕所等沿街面朝北布置，或朝街一面设带玻璃隔声窗的通廊走道，路北可将商店等公共建筑布置在临街处。

②当道路为南北向时，临街布置低层非居住性障壁建筑，多层住宅垂直于道路布置。

③建筑的高度应随着离开道路距离的增加而渐次提高，可利用前面的建筑作为后面建筑的防噪障壁，使暴露于高噪声级中的立面面积尽量减小，如图 4.6 所示。

图 4.6　建筑物高度随离开道路距离渐次提高及剖面几何声线分析示意

④一些经过特别设计和消声减噪处理的住宅和办公建筑，例如设双层隔声窗加空调的建筑、台阶形住宅，或设有减噪门廊的住宅等可以布置在临街建筑红线处，如图 4.7 所示。

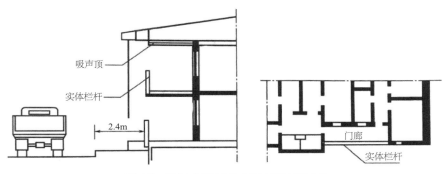

图 4.7　设有减噪门廊的住宅立面及平面图

⑤当防噪障壁建筑数量不足以形成基本连续障壁时，可将部分住宅临街布置，并按所需防护距离后退，留出空间辟为绿地，如图 4.8 所示。

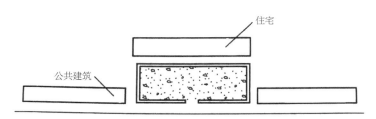

图 4.8　部分住宅后退，空地辟为绿地

2）居住区内道路的布局与设计

应有助于保持低的车流量和车速，如图 4.9所示。如采用尽端式带有终端回车场地的道路网，应限制道路所服务的住宅数，以减少车流量，如图 4.10 所示。

3）居住区周边其他构筑物的噪声控制

（1）对锅炉房、变压器站等应采取消声减噪措施，或将它们连同商店卸货场布置在小区边缘角落处，使之与住宅有适当的防护距离。

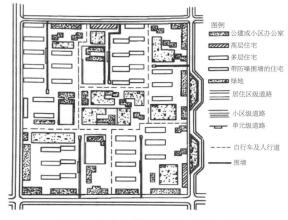

图 4.9　考虑防噪的居住小区规划示例

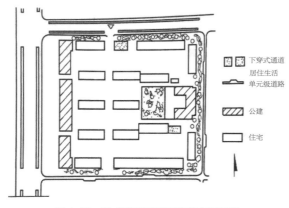

图 4.10 考虑防噪的组团院落布局示例

（2）有噪声干扰的工业区需用防护带与居住区分开，布置时还要考虑主导风向。

（3）对于居住区或居住区附近产生高噪声或振动的施工机械，须限制作业时间，以减少对居民休息、睡眠的干扰。

4.2 室外光环境设计与控制

常见的光环境有建筑光环境、城市光环境。建筑光环境涉及自然采光与人工照明。本章侧重室外的光环境设计，主要讲述城市光环境设计与控制。

4.2.1 室外光环境设计

光环境指的是由光（照度水平和分布等）与颜色（色调、亮度、色饱和度）在室内外环境中建立的同空间形状有关的生理和心理环境。光辐射引起人的视觉，人们才能看到五彩缤纷的世界，光环境对人类是至关重要的。

室外光环境设计主要包括建筑物、构筑物、道路、商业街、广场、滨水、园林景观的夜景照明等。

4.2.1.1 城市光环境设计原则及作用

设计原则：主体选择、突出重点、显示主题、创造特色、慎用彩光、提高品位、实用安全、节电节能。

作用：安全保障、定位和导向、繁荣城市、美化城市。

4.2.1.2 城市光环境设计

1）城市道路光环境设计

道路是空间环境的重要活动枢纽。在设计中要以科学、合理、环保为原则，着重体现使用安全性的特点，运用数据化、人性化的控制系统，完善城市交通空间。

道路照明方式主要包括常规照明（灯杆照明）、高杆照明等方式。

（1）常规照明（灯杆照明） 在道路照明中使用最为普遍。按照道路的走向安排灯杆和灯具，充分利用照明器的光通量，具有较高的光通利用率及很好

的视觉诱导性。常规照明灯具的布置可
分为单侧布置、双侧交错布置、双侧对
称布置、中心对称布置和横向悬索布置
5 种基本方式，如图 4.11 所示。

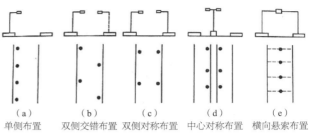

（a）　　　（b）　　　（c）　　　（d）　　　（e）
单侧布置　双侧交错布置　双侧对称布置　中心对称布置　横向悬索布置

图 4.11　常规照明灯具布置形式

①单侧布置　所有的灯具均匀布置在
道路的一侧，适合于比较窄的道路。公
园道路、小径常用此方式，如图 4.12 所示。

②双侧交错布置　灯具按照道路走向交错排列在道路的
两侧。这种照明方式要求灯具的安装高度不小于道路路面有
效宽度的 0.7 倍。

③双侧对称布置　灯具相对地排列在道路的两侧，这种
布置方式较适合路面较宽的道路，它要求灯具的安装高度不
应小于路面有效宽度的一半，如图 4.13 所示。

④中心对称布置　这种布置方式使用于中间分车带的双辅
路，灯具安装在位于中间分车带的"Y"形或者"T"形灯具杆上。
中心对称布置的视觉诱导性要更好一些，如图 4.14 所示。

⑤横向悬索布置　它是把灯具悬挂在横跨道路的悬索上，
灯具的垂直对称面与道路轴线成直角。这种布置方式主要用
于那些树木稠密、遮光严重的道路，或者是楼房密集、难以
安装灯杆的狭窄街道。灯具可固定在道路侧的拉杆上，固定
在道路两侧的建筑墙体上，如图 4.15 所示。

（2）高杆照明　是灯具安装在高度等于或大于 20m 的灯
杆上进行大面积照明的一种照明方式。高杆照明方式适合设
置在立体交叉、平面交叉、广场、停车场、货场、机场停机
坪、港口等场所，如图 4.16 所示。

高杆照明优点：可使各种形状的被照明场获得较好的照
明均匀性；高杆照明不仅可以为场地的地面提供照明，还可
以为被照场所的空间提供照明，这对现实物体的形状、雕塑
物体的立体感很有益处；避免了灯杆林立的现象，可使被照
场地显得整齐干净；在一定程度上，高杆灯的杆位选择比较
灵活，因此可将灯杆设置在远离交通或维护有妨碍的位置。

图 4.12　单侧布置

图 4.13　双侧对称布置

图 4.14　中心对称布置

图 4.15　横向悬索布置

图 4.16　高杆照明

由于高杆灯的灯具安装得比较高，照射的范围比较大，会有相当一部分光落入不需要照明的区域。因此，要重视其光污染问题。

2）城市道路交叉口及曲线路段照明设计

（1）路口的照明　十字交叉、T 形交叉与环形交叉路口设计时应注意以下几点：

①交叉路口外 5m 范围内的平均照度不宜小于交叉路口平均照度的 1/2。

②为了提供良好的诱导性，交叉路口可采用与相连道路不同色表的光源、不同外形的灯具、不同的安装高度或不同的灯具布置方式。

③十字交叉路口的灯可根据道路具体情况，采用单侧布置、交错布置或对称布置等方式。大型交叉路口为了达到路口中心区的亮度标准，可另行安装附加灯杆和灯具，并应限制眩光。当有较大的交通岛时，可在岛上设灯，也可采用高杆照明。

④T 形交叉路口在道路尽端设灯（如图 4.17 所示），可以有效地照亮交叉区域，也有利于驾驶员识别道路的尽端，以免误认为道路继续向前延伸，从而减少发生交通事故的概率。

⑤环形交叉路口的照明应充分显现环岛、交通岛和路缘石。当采用常规照明方式时，宜将灯具设在环形道路的外侧（如图 4.18 所示）。当环岛的直径较大时，可

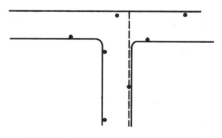

图 4.17　T 型交叉路口灯具的设置

在环岛上设置高杆灯，并应按车行道亮度高于环岛亮度的原则选配灯具和确定灯杆位置。

（2）曲线路段的照明

①半径在 1000m 及以上的曲线路段，其照明可按照直线路段处理。

②半径在 1000m 以下的曲线路段，灯具应沿曲线外侧布置，并应减小灯具的间距，间距宜为直线路段灯具间距的 50%～70%，半径越小间距也应越小。悬挑的长度也应相应缩短（如图 4.19 所示）。在反向曲线路段上，宜固定在一侧设置灯具，产生视线障碍时可在曲线外侧增设附加灯具（如图 4.20 所示）。

3）城市步行空间光环境设计

（1）城市广场步行空间照明设计

广场步行空间照明应强化步行者对开阔空间的认知，如图 4.21 所示。灯具的布置和尺度应该与广场所在的城市与建筑设计相协调，灯具选型和灯位布置应避免遮挡视线。

（2）居住区步道设计

居住区的照明更加专注安全性和安全感，通过功能性照明打造行人使用清晰安全的"行走空间轴"。同时，照明可识别面部，确定方位，防止或抑制犯罪等（图 4.22）。

居住区内的步行道照明需要分级设计。居住区级道路对应以街灯为主的一级照明；居住小区（组团）级道路可采用庭院灯（步道灯）或街灯进行二级照明；宅前小路宜采用庭院灯（步道灯）和脚灯为主的三级照明，以满足居民夜间的尺度感和户外活动需要。

居住区内的道路除了水平照度之外，垂直照度和半柱面照度也应达到最低标准要求。若夜间主要使用者是中老年人、儿童、家长或青年伴侣，可根据不同年龄阶段不同的活动需求，选用不同色温、光色、亮度的灯具。

此外，居住区的照明设计应有效防止光线直接射向住户窗户，减少炫光，有效防止光污染，保证居住环境不受光线干扰。

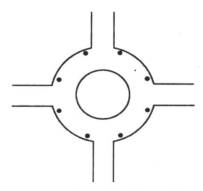

图 4.18　环形交叉路口灯具的设置

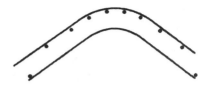

图 4.19　曲线路段上的灯具设置

图 4.20　反向曲线路段灯具设置

图 4.21　广场步行空间照明

图 4.22　居住区步道照明

图 4.23　滨水步道照明

（3）滨水步道照明

位于滨水地带的步道，其垂直界面与其他类型的步道有很大的区别，其中的一侧界面是水系。靠近水面的一侧设置较宽的步行道，行人可以驻足眺望对岸的景观，如图 4.23 所示。在滨水步道上，行人的移动速度较慢，人流也相对集中。城市滨水区域一般呈带状结构，地面沿断面方向有高差变化，加之开阔的水面上没有强烈的光照，背景是大片黑色的天空，这种步道的照明设计要求与其他步道有许多不同之处，其照明设计重点在于：①步道灯选型与对岸观景；②水中倒影和中间层次的光点韵律；③安全照明和景观性照明；④滨水步道的照明灯具，因其本身也是环境中的重要装饰元素，为此应特别注意造型、材质、色彩和良好的配光。

（4）踏步与台阶照明

踏步与台阶的照明应提供充分的光照让行人易于识别高差的存在，提高踏面的可见度，包括上行和下行梯段的辨别。

根据梯级所使用的贴面材料，注意控制不同的光照水平。深色的材料，要求较高的光照；浅色的材料可以控制得低一些。依据踏步与台阶所处的环境、位置和通行的人流以及梯段本身的构造形式和尺寸，可以有下照光、侧面光、踢面嵌入式和低位柱式照明。

①下照光

将灯具设置在附近的树干上或嵌在踏步上方的屋顶上，还要尽量减少踏步的阴影，最好的处理是将灯具设置在梯段中间位置的上方。

②侧面光

在梯段的侧墙上嵌入灯具，从侧向照亮踏步，灯具的隐藏性很好，如图 4.24 所示。不提倡沿侧墙交替设置灯具，这样容易误导行人。超过 1.5m 宽的踏步可以考虑双侧设置，但是如果人流量少，仅在一侧设置就能满足要求。在人流量大或上下频繁的区域，则要求双侧设置。

图 4.24　台阶侧向照明

③踢面（踏面）嵌入式

在踏步踢面或踏面上嵌入专门用于踏步照明的灯具，如图 4.25 所示。从正面看来，成组的灯具沿着踏步或台阶，形成导向性很强的光带。这种照明方式并不追求踏面的照度，而是依靠灯具的发光面，形成视觉上的序列。

④低位照明

灯具沿踏步布置，高度一般是低于人体高度的低位照明，如图 4.26 所示。灯位的选择上，太靠近踏步起始端，下行踏面会形成浓重阴影；若离踏步过远，行人便看不清前方的踏步，会造成安全隐患。还可在踏步的开始端和结束端各设一套灯具，提醒人们此处有空间的转换及高差的变化。

4）建筑照明

建筑是空间环境中的主体之一，有新与旧、古典与现代之分。建筑照明设计要充分体现建筑的个性特征，反映城市独特的地理景观与人文景观，体现建筑本身造型各异、立体交错、五彩缤纷、生动而富于灵性的风貌，如图 4.27 所示。

（1）建筑照明方式

①泛光照明

通常指用投光灯来照射某一情景或目标，且其照度比周围明显高的照明方式。其照明效果不仅能显现建筑物的全貌，而且可将建筑造型、立体感、饰面颜色和材料质感，乃至装饰细部处理有效地表现出来，如图 4.28 所示。

②轮廓照明

利用灯光直接勾画建筑物或构筑物轮廓的照明方式。对一些轮廓构图优美的建筑物使用这种照明方式效果是很好的，但值得注意的是单独使用这种照明方式时，建筑物墙面是暗的，因此一般会同时

图 4.25　踢面嵌入照明图

图 4.26　低位照明

图 4.27　广州国际体育演艺

图 4.28　泛光照明

图 4.29　轮廓照明　　　　　　图 4.30　内透光照明　　　　　　图 4.31　男装概念店

使用其他照明方式，如透光照明等，如图 4.29 所示。

③内透光照明

利用室内光线向外投射形成的照明方式，做法有两种：

·利用室内一般照明光，城市大楼中透过窗户散发的室内光体现了城市的一种生活气息，同时也增添了城市夜景的魅力，如图 4.30 所示。

·在室内窗或者需要重点表现其夜景的部位，如玻璃幕墙、柱廊、透光结构或艺术阳台等部位专门设置内透光照明设施，形成内透光发光面或发光体来表现建筑物的夜景，如图 4.31 所示。

（2）古建筑照明方式

①以屋顶为重点照明

建筑有着各自不同的屋顶形式，因此重点处理屋顶的夜间照明可以将建筑的神韵表现出来，如图 4.32 所示。

图 4.32　屋顶照明

·屋面若由瓦铺装而成，在檐口瓦垄处设置小型射灯向上投光，瓦脊、瓦垄明暗相间，在屋面上形成美丽的中式坡屋顶光斑。

·对于某些攒尖顶的古建筑可以在起翘的屋角上设小型窄光束投光灯，多个方向的投射灯照亮攒尖顶的宝顶。

·使用勾勒的方式，将屋顶独特的形状描绘出来。这种照明方式仅用于多层建（构）筑，如宝塔，不适合形态过于简单或复杂的屋面，故勾勒轮廓的照明方式应慎用。

·在环境高点处设投光灯，向下照亮屋面，又称之为"月光照射法"。但需避免产生炫光，可做好灯具的隐蔽，并应避免影响植物的正常生长。

②以屋身为主要照明对象

中国建筑的外形堪称精美绝伦，斗栱、格子门窗、柱子和柱础、匾额、彩画、勾栏、须弥座常常是中国古典建筑精美的部分，可以作为照明的重点部分，如图 4.33 所示。其他木构件如橡条、椽子、雀替等也可以用光适当表现。

③屋顶与屋身相结合的照明

打亮坡屋面，同时照亮屋身的柱或墙，也是一种照明方式。但还是应注意明暗关系，避免整个建筑所有部分都很亮而显得呆板，如图 4.34 所示。

④建筑留暗

让建筑处于一个较低的亮度，也可呈现另外一种光照效果，如图 4.35 所示。

5）绿化景观照明

（1）植物照明　是环境照明的重要组成部分，绝大多数是起到景观照明的作用。根据环境景观设计要求及植物生态习性、造型特点，合理配置环境景观中的各种植物，发挥它们的绿化及美化作用，如图 4.36 所示。常用植物照明方式有上射照明、下射照明、轮廓照明、背光照明（剪影照明）、月光效果照明等。

①上射照明

上射照明是园林植物景观中最常用的一种方式，是指灯具将光线向上投射而照亮物体，可用来表现树木的雕塑质感，如图 4.37 所示。灯具可固定在地面上或安装在地面下。地面下安装灯具通常用来对大树进行照明；地面上插入式定向照明灯具，可用来对小树进行照明。

图 4.33　屋身照明

图 4.34　屋顶与屋身结合照明

图 4.35　建筑留暗

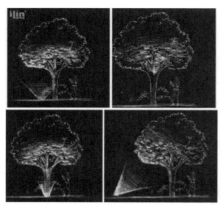

图 4.36 植物照明方式

图 4.37 上射照明

②下射照明

下射照明与上射照明相反，主要突出植物的表面或某一特征，同时与采用上射照明的其他部分形成对比，如图 4.38 所示。下射照明适合于盛开的花朵，因为绝大多数的花朵都是向上开放的，安装在花架、墙面和乔木上的下射灯均可满足这一要求。

图 4.38 下射照明

③轮廓照明

轮廓照明是通过光源本身将照明对象的轮廓线凸显出来，主要利用串灯，如图 4.39 所示。可挂在除了树冠浓密的针叶树之外的乔木上突出树体轮廓。

④背光照明（剪影照明）

背光照明是使树木处于黑暗之中，将灯具放在植物的后部，将植物后部的墙面照亮，照明表现的仅仅是植物形状，没有质感、色彩和细节，形成一种光影的效果，如图 4.40 所示。背光照明突出的植物在整个构图中是主要或相对主要的视觉焦点，比较适合于姿态优美的小树和几何形植物。

⑤月光效果照明

月光效果照明是将灯具安装在树上合适位置，一部分向下照射以产生斑纹图案，另一部分向上照射，将树叶照亮，产生一种月影斑驳的效果，好像皓月照明一样，如图 4.41 所示。

图 4.39 轮廓照明

（2）花坛照明　由上而下观察处在地平面上的花坛，采用蘑菇式灯具向下照射，将灯放置在花坛中央或侧边，高度取决于花的高度；根据花的颜色，选择相应显色指数的光源，白炽灯，紧凑型荧光灯都可应用。

6）水体景观照明

根据水的特点及水的形式可采取多种多样的照明手法。为了突出景观效果，常利用静态、动态和立体空间形态水体的特性来展现光环境的意境。

（1）水体照明方式　三种方式：水上照明、水面照明、水中照明。水体颜色的可见度与光源类型有关，水体照明用光源采用金属卤化物灯（变换颜色稍微困难，不能开关、调光，光束大）和白炽灯（易于变换颜色、开关、调光）。

①水上照明和水面照明的水体照明灯位统称为上位照明，是从水体的上方向或水平投射水体，灯具一般安装在附近的建筑或树上，如图 4.42、图 4.43所示。

②水下照明　灯具安装在喷泉或瀑布等湍急水流出水口的下方，借助水体气泡，使水体看起来晶莹剔透、色彩斑斓，如图 4.44 所示。水下照明灯具必须是专业级产品，水下照明也应该注意水下灯在水中产生的热量对植物和鱼类的影响。

（2）静态水体的照明　所有静水和慢速流动的水，比如池塘、湖和河水，其镜面效果就如一幅画，河岸上的所有被照物体都将被水面反射、映衬，在夜间环境下产生十分有吸引力的效果，如图 4.45 所示。

（3）动态水体的照明　动态水体的表现形式包括人工动态水体和自然动态水体。喷泉是典型的人工动态水体表现形式，喷泉照明光源多为白炽灯，若喷水柱高且无需调光，则可采用高压钠灯与金属卤化物灯，

图 4.40　背光照明

图 4.41　月光效果照明

图 4.42　水上照明

图 4.43　水面照明

图 4.44　水下照明

图 4.45　静态水体的照明

图 4.46　人工动态水体照明

也可以采用 LED 彩灯照明，不同色彩的灯光可以使喷水更加多姿多彩和绚丽，如图 4.46 所示。

　　7）桥梁照明

　　桥梁的夜景照明可采用以下两种方式：泛光照明和轮廓照明。

　　（1）泛光照明　是用泛光灯直接照射被照物表面，使被照面亮度高于周围亮度，其特点是显示被照物体形状，突出被照物的全貌，如桥梁的主体结构、桥塔、桥墩、吊索、钢缆等，使其层次清楚，立体感强，尽显大桥雄姿和气势。泛光照明主要又分以下几种形式：桥洞照明，桥身桥面留黑，如图 4.47 所示；桥身照明，桥洞桥面留黑，如图 4.48 所示；桥面照明，桥身桥洞留黑，如图 4.49 所示；综合照明，如图 4.50 所示。

　　（2）轮廓照明　是将光源沿被照物特定的轮廓安置，显示被照物的外形，如桥梁的桥身、桥栏，突出桥梁的优美线形，如图 4.51 所示。泛光灯照亮桥身的石材，可体现古代桥梁的历史感和沧桑感，如图 4.52 所示。明亮的灯光照亮大桥的结构，可体现现代桥梁的时代性，如图 4.53 所示。变化多彩的 LED 使得桥梁更有装饰性和时尚感，如图 4.54 所示。

　　8）雕塑照明

　　城市雕塑照明，目的是要体现雕塑的造型寓意，让人在欣赏雕塑时不仅能对城市的历史文化背景有所了解，而且也能在精神方面有所收获。

　　（1）城市雕塑照明　巴黎埃菲尔铁塔，主要以灯光来凸显其钢架镂空结构特征，如图 4.55 所示；城市雕塑照明如图 4.56 所示。

　　（2）景观雕塑照明　景观雕塑照明如图 4.57 所示。

　　（3）灯光小品照明　既体现小环境的趣味性，又对景观意境进行点缀，如图 4.58 所示。

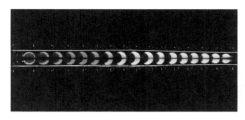

图 4.47   桥洞照明

图 4.48   桥身照明

图 4.49   桥面照明

图 4.50   综合照明

图 4.51   轮廓照明

图 4.52   泛光照亮桥身石材

图 4.53   照亮大桥结构

图 4.54   LED 照明

图 4.55　埃菲尔铁塔

图 4.56　城市雕塑照明

图 4.57　景观雕塑照明

图 4.58　灯光小品照明

4.2.2　城市光污染

4.2.2.1　光污染的产生

随着城市夜景照明的迅速发展，特别是大功率高强度气体放电灯在建筑夜景照明和广场、道路照明中的广泛采用，建筑立面和地面（含广场及路面等）的表面亮度不断提高，商业街的霓虹灯、灯光广告和标志越来越多，规模越来越大，造成的光污染也越来越严重，如图 4.59 所示。

调查表明，夜间室外照明光污染主要来源于：

1）建筑或构筑物夜景照明产生的溢散光和反射光。

2）商业街的建筑物、贴面和广告标志照明。特别是高亮度的霓虹灯、投光灯广告

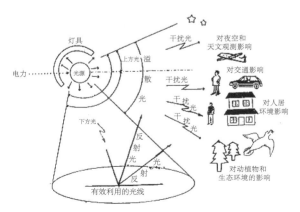

图 4.59　夜间室外照明的光污染及其影响

及灯箱广告照明产生的溢散光、炫光和反射光，比如灯箱广告的画面亮度远远超过标准。

3）商业街以外地区的城市广告标志照明产生的溢散光。

4）各类道路照明产生的溢散光和反射光。

5）园林、绿地和旅游景点的景观照明产生的溢散光和干扰光。

6）广场、体育场馆、工厂、工地、矿山、港口、码头及立交桥等大面积照明产生的溢散光、干扰光和反射光。

引起光污染的主要原因：

1）无规划、盲目无序地发展城市夜间室外功能和景观照明。

2）部分城市或业主相互比亮，并误认为夜间照明越亮越好，以致照明的亮度越来越高。

3）控制光污染的标准和规范不健全，即使 CIE 和部分发达国家有控制光污染的规定，但是实际执行力度不够，未能在实践中推广应用和落实。

4）夜景照明规划、设计，特别是照明水平的确定，光源和灯具的选择，照明布灯方案等没有或不完全执行控制光污染的标准或规定。

5）照明设施的管理制度和措施不健全。

4.2.2.2　城市光污染类型及解决办法

调查和研究表明，夜间室外照明光污染的危害是多方面的，包括四个方面：破坏夜空环境、严重影响天文观测；干扰人的生理节律，危害人体健康；危害海陆空交通；危害生态环境。根据光污染危害类型，城市光污染可分为白亮污染、人工白昼污染以及彩光污染。

白亮污染：在强光照射下，建筑物外墙（玻璃、铝合金、磨光大理石）材料的反射光线强度比一般的绿地、深色装饰材料大 10 倍左右，大大超出人体所能承受的范围。

人工白昼污染：商场、酒店的广告灯、霓虹灯，有些强光束使夜晚如白天一样，即人工白昼。

彩光污染：舞厅、夜总会安装的黑光灯、旋转灯、荧光灯以及闪烁的彩色光源构成彩光污染。

针对光污染的日渐严重及造成的种种危害，应遵循的防治原则为：以防为主，防治结合；从城市照明的源头抓起；加强管理，严格执法。而解决办法是：加强城市玻璃幕墙的建设管理；不断优化和开发建筑幕墙新材料；加强城市绿化；科学合理地进行城市色彩规划。

4.3　室外热环境设计

热环境是由太阳辐射、气温、物体表面温度、相对湿度与气流速度等物理因素组成的作用于人、影响人的冷热感和健康的环境，分为室内热环境与室外热环境，这里主要讲室外热环境。

室外热环境是作用在建筑外围护结构上的一切热物理量的总称，是室外气候的组成部分，是建筑设计的依据；建筑外围护结构的主要功能即在于抵御或利用室外热环境的作用。

4.3.1　室外热环境影响因素

一个地区的气候状况是许多因素综合作用的结果，与建筑物密切相关的气候因素有：

1）太阳辐射

太阳是一个灼热气团，表面温度有 6000℃，时刻向四周放射不同波长的电磁波，形成热交换。太阳辐射是地球热能的根本来源，是决定地球上气候的主要因素。

2）室外空气温度

室外空气温度是指距地面 1.5m 背阴处空气的温度。室外空气主要靠吸收地面的长波辐射而增温。因此，地面与空气的热交换是空气温度升降的直接原因。影响室外空气温度的因素如下：

（1）太阳辐射热量（决定性作用）　空气温度的日变化、年变化，以及随地理纬度而产生的变化，都是由于太阳辐射热量的变化而引起的。

（2）大气环流作用　无论是水平方向还是垂直方向的空气流动，都会使高、低温空气混合，从而减少地域间空气温度的差异。

（3）下垫面状况　草原、森林、水面、沙漠等不同的地面覆盖层对太阳辐射的吸收及与空气的热交换状况各不相同，对空气温度的影响不同，因此各地温度也就有了差别。

（4）海拔高度、地形地貌等。

3）室外空气湿度

指空气中水蒸气的含量来源于各种水面、植物及其他载水体的蒸发和升腾作用。

4）风

是由大气压力差引起的大气水平方向的运动，地表增温不同引起大气压力差是风产生的主要成因。风特性指标：风向、风速，通常用风玫瑰图来表示。

5）降水

（1）降水量　指降落到地面的雨、雪、冰雹等融化后，未经蒸发或渗透流失而积累在水平面上的水层厚度，以毫米（mm）为单位。

（2）降水时间　指一次降水过程从开始到结束的持续时间，以小时（h）、分（min）表示。

（3）降水强度　单位时间内的降水量。

4.3.2　室外热环境中的突出问题及改善措施

室外热环境在城市中主要体现在城市气候的变化上。不同区域的地形、地貌、植被、水面等往往会使某些地方具有独特的气候，形成室外热环境。

1）室外热环境中的突出问题

大气污染使城市太阳辐射比郊区减少 15%～20%，且工业区比非工业区减少明显。由于城市的"人为热"及下垫面向地面近处大气层散发的热量比郊区多，气温也就不同程度地比郊区高，而且由市区中心地带向郊区方向逐渐降低，这种气温分布的特殊现象叫作"热岛效应"。

热岛效应影响所波及的高度在小城市约为 50m，在大城市则可达 500m 以上。热岛范围内的大气像盖子一样，使发生在热岛范围内的各种气体污染物质都被围闭在热岛之中。大范围的空气污染造成很大影响，会形成热岛环流，把城市边缘区工厂排放的污染带进市区，同样会导致酷热天气增多、寒冷天气减少，空调能耗增多、采暖能耗减少。

2）室外热环境突出问题的改善措施

（1）城市热岛产生的原因

①人为热排放

人们生产和生活以及新陈代谢排放出来的废热，城市输入的各种能量最终以热量形式散发到大气中。

②地面状态改变

立体化的下垫面通风不良、吸热多、散热难，不透水的硬化表面多、蒸发散热小、表面温度高。

③风速减小、风向随地而异

城市房屋、街道高低、纵横交错，使城市区域下垫面粗糙程度增大，市区内风速减小。如北京城区年平均风速比郊区小 20%~30%，上海市中心比郊区小 40%，且城市区域内的风向不定，往往受街道走向等因素的影响。

④蒸发减弱、湿度变小

城区降水容易排泄，地面较为干燥，蒸发量小，而且气温较高，所以年平均相对湿度比郊区低。如广州约低 9%，上海约低 5%。城市大部分为不透水的硬化表面，降雨后水分迅速被人工排水管道排走，导致城市可供蒸发的水分少，空气湿度小。

（2）室外热环境改善措施

绿地和水面是有效缓解城市热岛效应，调节和改善城市微气候环境的最有效因素。环保专家认为，热岛效应 80% 的因素归咎于绿地和湿地的减少，城市热量的排放因素只占 20%，所以城市热岛效应的控制重点是绿地和湿地的建设。

①大力推广城市绿地

城市绿地是城市中的主要自然因素，因此大力发展城市绿化，是减轻热岛效应的关键措施。绿地能吸收太阳辐射，而所吸收的辐射能量又有大部分用于植物蒸腾耗热和在光合作用中转化为化学能，用于增加环境温度的热量大大减少。可积极改善不透水下垫面层，利用透水性材料（透水砖等），如图 4.60 所示。

图 4.60　植草砖

②保护自然湿地，努力构建人工湿地

水体热容量大，水分蒸发多，增温降温缓和。城市内水面的存在，可在一定程度上缓解城市热岛现象。

③控制大气污染，减少城市大气中温室气体的含量；控制城市生产、生活燃煤量；控

图 4.61　清洁能源

制城市机动车数量及上路时间；减少垃圾的填埋量，推广城市垃圾发电等；做好城市节能减排工作；使用清洁能源，如图 4.61 所示。

④降低设备能耗，合理规划城市能源

通过改进能源消耗设备构件，更新能源使用方法，提高能源使用效率，减少能源损耗。将城区分散的、低效率的小热源控制起来，大力推广集中供热，以提高能源利用率；尽可能考虑集中空调方式。

参考文献

[1] 许大为. 风景园林工程 [M]. 北京：中国建筑工业出版社，2014.

[2] 刘连新，蒋宁山. 无障碍设计概论 [M]. 北京：中国建材工业出版社，2004.

[3] 邓宝忠，陈科东. 园林工程施工技术 [M]. 北京：中国林业出版社，2007.

[4] 赵飞鹤. 园林建筑小品及构造 [M]. 上海：上海科学技术出版社，2015.

[5] 李瑞冬. 景观工程设计 [M]. 北京：中国建筑工业出版社，2013.

[6] 孟兆祯. 风景园林工程 [M]. 北京：中国林业出版社，2012.

[7] 田建林，张柏. 园林景观水景给排水设计施工手册 [M]. 北京：中国林业出版社，2012.

[8] 李成，李琳，王彦军. 风景园林工程管理 [M]. 北京：化学工业出版社，2014.

[9] 田建林. 园林绿化施工技术 [M]. 南京：江苏人民出版社，2011.

[10] 丁圆. 滨水景观设计 [M]. 北京：高等教育出版社，2010.

[11] 赵彦杰，王移山. 屋顶花园设计与应用 [M]. 北京：化学工业出版社，2013.

[12] 姜虹，张丹，毛靓. 风景园林建筑物理环境 [M]. 北京：化学工业出版社，2011.

[13] 阿斯特里德·茨莫曼. 景观建造全书 [M]. 武汉：华中科技大学出版社，2016.

[14] 布正伟. 结构构思论 [M]. 北京：机械工业出版社，2006.

[15] 刘连新，蒋宁山. 城镇无障碍设计 [M]. 北京：中国建材工业出版社，2014.

[16] 王小荣. 无障碍设计 [M]. 北京：中国建筑工业出版社，2011.

[17] 邢世录，包俊江. 环境噪声控制工程 [M]. 北京：北京大学出版社，2013.

[18] 秦亚平. 光环境设计 [M]. 北京：中国水利水电出版社，2012.

[19] 张越. 光环境规划与设计 [M]. 杭州：浙江大学出版社，2012.

[20] 郝洛西. 城市照明设计 [M]. 沈阳：辽宁科学技术出版社，2005.

后记

随着社会经济和科学技术的发展，风景园林在运用科学工程技术与艺术手法为人类营造自然优美和休闲游览境域进程中不断扩展研究领域。环境设计技术作为景观建成环境的工程手段和技术流程，包含多项技术类型，具有综合性强、涉及范围广、学科交叉多等特点，它将园林艺术与工程技术融汇统一，以艺驭术，以术彰艺，促进了风景园林建设的可持续发展。本书分景观工程技术基础知识、无障碍设计技术基础知识、建筑绿化技术基础知识、外环境中物理环境设计技术基础知识4个章节，全面介绍了相关专业内容。

感谢参与本书编写的所有同仁，尤其是研究生郭凯迪、裴苑利、马梦娇、李冬羽、荆一帆、闫姣、赵锐、冯爽、柳思宇、晋振华、阎莹、张迪、郭月、刘倩倩、高哲、黄媛筠、秦珂凝、张雨桐、陈涵、张鑫玥等。

由于笔者水平与客观条件所限，本书在诸多方面存在疏漏、不足乃至失误，恳请各界学者、专家及读者给予批评指正。本书编写过程中，参考引用了大量文献资料，我们统列于书后，以对原作者表示尊重，没有你们的耕耘，我们也难以编成此书，在此深表谢意！